CLARE FOSTER
FOTOGRAFIE / ANDREW MONTGOMERY

PASTORALE GÄRTEN

pastoral [pas·to·ral] *Adjektiv*

1: (vom Land) zur Viehhaltung bestimmt, das Weideland betreffend

2: (vom Landleben) ländlich, bäuerlich, dörflich, auch bukolisch oder idyllisch

3: (vom Geistlichen) seelsorgerlich

PLANTVS

GÄRTEN IM WANDEL

CLARE FOSTER

In seinem Essay über *Das Lesen der Landschaft* (Seite 236) bezeichnet Kim Wilkie den Titel dieses Buches als »eine anziehende, in sich widersprüchliche Bezeichnung« – und genau das ist er auch. Das Wort *pastoral* ruft idyllische Bilder von Hirten mit ihren friedlich grasenden Schafen in einer bukolischen, unberührten Landschaft hervor. Es steht für das Ideal eines ländlichen Idylls – einer verlorenen Utopie, zu der wir uns zunehmend hingezogen fühlen.

In den folgenden Kapiteln zeigen wir Gärten, die dieses pastorale Ideal aufgreifen, indem sie unmittelbar auf die Schönheit der sie umgebenden Landschaft reagieren. Wildblumenwiesen und weidendes Vieh werden zu selbstverständlichen Bestandteilen ganzheitlicher Räume, in denen die Grenzen zwischen Garten und freier Natur verschwimmen. Daneben finden sich Gärten, denen ein weiter Blick in die Landschaft verwehrt ist – Orte, an denen »Natur« oder »das Gefühl von Natur« mitten in der Stadt, umgeben von Stein und Beton, bewusst inszeniert werden muss. Gerade in diesen urbanen Räumen werden Grün und Biodiversität unserer Gärten zu einer existenziellen Quelle des seelischen Gleichgewichts. Hier, so meine ich, zeigt sich die wahre Bedeutung des Begriffs pastoral: die Rückbesinnung des Menschen auf die Natur. Jeder der zwanzig in diesem Buch vorgestellten Gärten ist so gestaltet, dass er seinen Bewohnern diese Verbindung ermöglicht – jene biophile Resonanz, nach der wir alle instinktiv verlangen. Gleichzeitig zwingt uns der Klimawandel zu einem tiefgreifenden Wandel in der Art, wie wir gärtnern und gestalten. Weltweit reagieren Gartenarchitekten und Pflanzenliebhaber auf diese neue Realität, indem sie faszinierende, pflanzenreiche Orte schaffen, inspiriert von wilden Landschaften, die Lebensräume für Insekten und andere Tiere zurückbringen und die so verlorene Biodiversität wieder aufleben lassen.

Seit jeher prägt die Natur die Geschichte des Gartens – mal stärker, mal schwächer –, mit einem stetigen Pendeln zwischen Formstrenge und Natürlichkeit, je nach Zeitgeist und ästhetischem Ideal. In Großbritannien, wo die Gartentradition besonders tief verwurzelt ist, lösten die formalen Buchsbaumparterres und Statuengärten der Tudor- und Barockzeit die frühen georgianischen Landschaften William Kents ab, der, so sagt man ihm nach, »den Zaun übersprang und erkannte, dass die ganze Natur ein Garten ist«. Später modellierte Capability Brown ganze Dörfer, um seine utopische Vision von Natur zu verwirklichen. Das Ideal des Picturesque brachte im weiteren Verlauf der Geschichte einen noch ungezähmteren Stil in Mode. Im viktorianischen Zeitalter schwang das Pendel erneut zurück – mit der Leidenschaft für exotische Pflanzen, die wagemutige Pflanzensammler aus aller Welt nach Hause brachten, und mit aufwendig komponierten, farbintensiven Beeten. Dann kam William Robinson, der Vater des naturalistischen Gärtnerns. Er leitete eine neue Gegenbewegung ein, die den weniger formalen Arts-and-Crafts-Stil und die üppig komponierten, aber zugleich natürlichen Pflanzungen einer Gertrude Jekyll hervorbrachte. Nach den überladenen Dahlienbeeten und den kitschigen Vorgärten der Nachkriegszeit setzte sich in den 1980er-Jahren in Europa die New-Perennial-Bewegung durch – ein natürlicher, rhythmischer Pflanzstil, geprägt von Gestaltern wie Piet Oudolf in den Niederlanden, Oehme van Sweden in den USA, Christopher Bradley-Hole in Großbritannien und Peter Janke in Deutschland.

Heute stehen wir an einem Wendepunkt. Die meisten von uns haben sich dem naturalistischen Gartenverständnis bereits angenähert. Doch der Klimawandel zwingt uns nun mit wachsender Dringlichkeit, unsere Lebensweise grundlegend zu überdenken. Wir beginnen, über das rein Ästhetische hinauszugehen – hin zu einer ganzheitlichen, ökologischen Sicht auf den Garten. Wir suchen neue Wege in der Gestaltung, Anlage und Pflege von Gärten, die nicht nur unsere eigenen Bedürfnisse berücksichtigen, sondern auch jene aller anderen Lebensformen. So wird der Garten zu einem eigenen Ökosystem, zu einem Lebensraum für so viele Tiere und Pflanzen, wie wir einladen können. Dabei blicken wir zurück auf frühere Epochen, um von überlieferten Kulturpraktiken zu lernen – etwa aus der Waldgartenkultur, der Permakultur oder den artenreichen, blütenübersäten Waldwiesen des Baltikums. Wir erkennen zunehmend, dass eine aktive, die Natur imitierende Gartenpflege ein wesentlicher Bestandteil nachhaltiger Gestaltung sein muss. Und zugleich schulen wir unseren Blick und unsere Erwartungen: Wir lernen, diese ungezähmte, manchmal auch wilde, Schönheit zu schätzen – Gärten, die nicht makellos sind, sondern lebendig, durchdrungen von Tiefe und Bedeutung.

Angesichts der Herausforderungen, vor die uns der Klimawandel stellt, bin ich überzeugt, dass der Garten eine transformative Kraft besitzt – im Persönlichen wie im Globalen. Als Gestalter und Gärtner liegt es an uns, dieses Potenzial zu erkennen und gemeinsam daran mitzuwirken, unsere verletzte Welt ein Stück weit zu heilen.

FREIRAUM

Wir beginnen unsere Reise mit Gärten, die zeigen, wie sich unsere Außenräume im Zuge des globalen Klimawandels verändern. Es sind Gärten im klassischen Sinne, und dennoch sind sie von der Natur geprägt, mit echten und metaphorischen Bezügen zur Landschaft, die sie umgibt. In Anlehnung an natürliche Pflanzengemeinschaften sind diese informellen Gärten nicht durch Bauwerke und feste Strukturen definiert, sondern durch eine Fülle an Pflanzen; sie strotzen geradezu vor Leben als Antwort auf den dramatischen Verlust an Biodiversität, den die Welt Jahr für Jahr erlebt. Einige entstanden aus bereits existierenden Anlagen oder wurden gebaut, um ihren ökologischen Fußabdruck gering zu halten, häufig werden recycelte Materialien verwendet. Statt gegen Boden, Geologie und Topografie anzukämpfen, arbeiten sie mit ihnen – ihr Design ist untrennbar mit dem Ort verbunden, den sie einnehmen. Öffnen sie sich zur Landschaft hin, bleiben die Grenzen fließend, die Ausblicke weit, die Natur kann, darf und soll in den Garten kommen. Was alle Gärten dieses Kapitels eint, ist das Maß der Eingriffe ihrer Besitzer, Gärtner und Gestalter. Es sind Orte, die darauf ausgelegt sind, gepflegt, geformt und geleitet zu werden – der Akt des Gärtnerns stellt also einen fortlaufenden Teil ihres Entwurfs dar.

Der Natur auf halbem Weg begegnen / Jinny Blom

Unsere Art zu Gärtnern hat sich in der jüngsten Vergangenheit stark verändert. Seit dem Zweiten Weltkrieg unterliegt die gesamte Gesellschaftsstruktur einem Wandel und Gärten tragen die langsamen, aber anhaltenden Auswirkungen dieser Veränderungen mit. Professionelle gärtnerische Fähigkeiten sind vielerorts kaum noch gefragt. Die Vorstellung, dass ein Gärtner seine lebenslange Laufbahn als Lehrling beginnt, dann Geselle wird und schließlich ein Meister seines Fachs, gehört der Vergangenheit an. Öffentliche Parks und Gärten bieten kaum noch Stellen für die Anlage von Wechselflor und Ähnlichem. Auch viele Ausbildungsstätten existieren nicht mehr. Stattdessen gibt es eine Fülle von Gartendesign-Schulen und immer mehr »Zweitkarriere«-Designer, die bisweilen nur über begrenztes Wissen in der praktischen Gartenkultur verfügen.

Auch der Besitz ererbten Landes ist zurückgegangen. Diejenigen, die heute Land besitzen, sind nicht dieselben wie früher. Die Kultur, ein Anwesen traditionell zu bewirtschaften, ist nur noch wenigen Erben vorbehalten – und diese stehen nicht etwa privilegiert da, sondern kämpfen darum, große Anwesen mit minimalen Budgets zu erhalten, unablässig auf der Suche nach Möglichkeiten, sanierungsbedürftige denkmalgeschützte Gebäude instandzusetzen und ihre Flächen mithilfe von Zuschüssen und Einfallsreichtum zu bewirtschaften. Land ist heute zu einer Ware, zu einem Spekulationsobjekt geworden. Zudem werden wir ständig daran erinnert, wie wir die Erde schädigen – sei es durch eigene Beobachtungen oder durch düstere Dokumentationen. Viele Flüsse sind zu Abwasserläufen verkommen, Hecken gerodet und Alleen durch Kappungen zum Sterben verurteilt. Viele Bäume sterben in erschreckendem Tempo, während sich neue Krankheiten und Schädlinge ausbreiten. Das Klima Großbritanniens und Mitteleuropas war immer für gewisse Schwankungen bekannt, was auch zum nationalen Gemüt auf den britischen Inseln passt – doch selbst wenn diese Extreme zunehmend stärker, beunruhigender und unvorhersehbarer werden, ist der schädliche Einfluss des Menschen auf unsere Landschaft, unsere Beziehung zur Natur und auf uns selbst nicht zu übersehen. Das Zusammenspiel all dieser Faktoren befeuert meiner Ansicht nach den derzeitigen Trend zu wilderen, natürlicheren Gärten.

Wir haben in der britischen Gartenkultur eine lange Tradition, die Natur poetisch zu umarmen – die natürliche Welt in unseren Gärten in Szene zu setzen. Der vielleicht bedeutendste Meister dieser Kunst war William Robinson, der praktische Gärtner, der in den 1880er-Jahren die Gärten von Gravetye Manor gestaltete. Robinson begann sein Leben als armer Gartengehilfe im Dienst des Marquess of Waterford in Irland. Seinem Fleiß und seiner Intelligenz verdankte er einen raschen Aufstieg und kam nach London, wo er in den botanischen Gärten im Regent's Park arbeitete. Diese klare berufliche Entwicklung zeigt einen damals zugänglichen Weg in den Gärtnerberuf – einen Weg, der heute ausgestorben ist. Robinson entwickelte eine außerordentlich erfolgreiche Karriere als Autor und Verleger und wurde sehr wohlhabend. Sein bahnbrechendes Buch *The Wild Garden* verankerte die naturverbundene Ästhetik der Arts-and-Crafts-Bewegung im Herzen der Gartenkunst. Robinson lehnte ornamentale Gartenelemente ab und hatte weder die Geduld noch das Faible für viktorianische Teppichbeete. Er gilt heute unangefochten als der geistige Vater der naturalistischen Pflanzung. Seine Einflüsse verbreiteten sich im ganzen Land, und in dieser Zeit entstanden viele herausragende neue Gärten. Gärtnern wurde dank seiner Fachzeitschriften *The Garden* und *Gardens Illustrated* für Menschen aller gesellschaftlichen Schichten zugänglich.

Innerhalb des Spektrums wilder Gärten gab es noch extremere Vertreter. Meine persönliche Favoritin, die bedeutende Zoologin Dame Miriam Rothschild, ließ ihr Haus so vollkommen von Wisterien überwuchern, dass es kaum noch vom umgebenden Land zu unterscheiden war. Sie war eine frühe Verfechterin von Wiesen und entwickelte sogar eine eigene Saatgutmischung, Farmer's Nightmare, als Ausdruck einer Perspektive, die deutlich zwischen Landwirten und Gärtnern unterschied.

Ich selbst lernte mein Handwerk in engem Kontakt mit praktischen Gärtnern wie Beth Chatto, Margery Fish, Christopher Lloyd, John Brookes, Piet Oudolf und Dan Pearson, indem ich genau beobachtete, wie sie arbeiteten und Mischpflanzungen sich gegenseitig unterstützender Arten entwickelten. Pflanzen, die je nach Situation ihre Rolle wechseln – vom Schatten ins volle Sonnenlicht oder von üppigen Strauchbereichen in fein-detaillierte Staudenpflanzungen. Wiesen und offene Flächen gehören dazu, sie erzeugen rhythmische Abläufe im Garten und schaffen visuelle Verbindungen zur Welt jenseits unserer Grenzen. So können sich Gärten entspannen – und wir uns in ihnen. Eingriffe verlieren an Schwere und beschränken sich auf die Pflege der individuellen Pflanze.

Die Hinwendung zu natürlicheren oder wilderen Gärten lässt sich daher als Ergebnis eines doppelten Impulses verstehen – dem Wunsch, die eigene Verbindung zur Natur wiederzuentdecken und den Zugang zu Gärten und Gartenarbeit zurückzugewinnen, der uns teilweise abhandengekommen ist, sowie dem Bedürfnis, eine nachhaltige und ökologisch wertvolle Umgebung zu schaffen, die unserem Planeten zugutekommt. Wir können aus unserem Erbe schöpfen, um Veränderung in der Zukunft voranzutreiben. Wie konnte jedoch, angesichts der Freiheit, die uns diese jüngere Gartenhistorie beschert, der heutige Trend zu »Rewilding«, oder »Naturgärten« einen derart streitbaren Ton annehmen? Warum sollten ausgerechnet wir Menschen, die die Probleme verursacht haben, nun der Natur unsere »Lösungen« aufzwingen? Nach meinem Verständnis bezieht sich Rewilding auf Landnutzung und Wiedereinführung von Arten – und funktioniert am besten im großen Maßstab. Damit kann ich mich durchaus anfreunden, vorausgesetzt, wir verschlimmern die Dinge nicht mit unserem Eingreifen. Menschliche Intervention hat die Welt aus dem Gleichgewicht gebracht, aber sind wir auch die richtigen Akteure, um sie wieder zu stabilisieren? Die Meinungen darüber, was in einem Garten »richtig« oder »falsch« ist, sind of diametral verschieden. Oft musste ich mir unmissverständlich anhören, dass nur heimische Pflanzen in einem bestimmten Projekt verwendet werden dürften, da sonst Probleme für indigene Bestäuber entstünden. Doch unsere Vorstellungen von richtig und falsch müssen sich verändern, anpassen und weiterentwickeln. Meine eigene Arbeit befasst sich mit der Entwicklung von Leitbildern und Praxislösungen für große Landflächen, die weder Fisch noch Fleisch sind – weder ausschließlich Garten noch Acker noch Natur. Der Großteil unserer Projekte umfasst viele Hektar Landschaft. Vieles davon wurde über Jahrtausende bewirtschaftet – und kaum etwas davon war nie berührt. Ein Beispiel für Letzteres findet sich in diesem Buch (Seite 326). In einer unberührten Wildnis in einem fremden Land mussten wir die heimische Landschaft mit der Einführung eines neu errichteten Anwesens und allem, was dazugehört – Gärten, Gemüsegärten, Recycling, Wasserspeicher, Infrastruktur wie Straßen, Energieversorgung, Abwasser usw. – in Einklang bringen. Alle Anforderungen eines zeitgemäßen menschlichen Daseins mussten integriert werden. Und letztlich bleibt die natürliche Landschaft die Hauptakteurin. Sie ist es, der wir zuhören müssen.

Ich glaube, dass es unsere Aufgabe als Landschaftsgärtner ist, zivilisiert zu handeln, alle Aspekte des Wandlungsprozesses, den wir anstoßen, sorgfältig zu bedenken. Es ist unsere Verantwortung, so wenig Schäden wie möglich zu verursachen. Nicht zu verschmutzen. Nicht zu verletzen. Schönheit zu schaffen, bedeutet für mich, eine Synthese zwischen den unvermeidlichen Widersprüchen zu schaffen, die disruptive Projekte mit sich bringen. Es ist entscheidend, unter der Erde zu beginnen – in der Geologie, in der Geschichte des Ortes. Die Erde bewegt sich in einem weit ruhigeren Rhythmus als unsere flatterhaften menschlichen Gedanken; deshalb sollten wir uns auf ihre Musik aus mindestens 200 Jahren vor der Industrialisierung einstimmen und dann beginnen, unsere Gestaltung im Kontext zu denken. Berücksichtigen Sie das Pflanzenleben, die Tiere, die seltene Qualität eines unberührten Bodens, die lokalen Texturen, den Regen, die Jahreszeiten, die rohe Körperlichkeit. Eine Welt ohne Ablenkungen. Finden Sie den Atemrhythmus der Erde – und beginnen Sie zu gärtnern.

JASPER CONRAN

BETTISCOMBE MANOR

DORSET, GROSSBRITANNIEN

»ES GIBT KEINEN MASTERPLAN FÜR DIESEN GARTEN; ENTSCHEIDEND IST, WAS SICH IN DIE LANDSCHAFT RINGSUM EINFÜGT. DER GARTEN BRAUCHT SANFTHEIT UND MUSS MIT DER NATUR ARBEITEN.«

JASPER CONRAN

Im sanften Dunst eines Junimorgens heben sich die schönen Beete im Garten des Designers Jasper Conran wie schwebend vor einem weichen, verschwommenen Hintergrund ab. Mit dem Aufstieg der Sonne und dem Zurückweichen des Nebels öffnen sich Ausblicke auf die umliegende Landschaft. Es ist die idyllische pastorale Szenerie, die Thomas Hardy in seinen Romanen beschrieb – ein Dorset, das unberührt und von intensiver Schönheit geblieben ist. Hardy nutzte Worte, um Bilder von fast malerischer Kraft zu schaffen, und wenn man über die sanft geschwungenen Felder von Bettiscombe Manor blickt, scheint man die Seiten von *Tess of the d'Urbervilles* aufzuschlagen: »Die Sonne brennt auf Felder hinab, so weit, dass die Landschaft offen wirkt; die Wege sind weiß, die Hecken niedrig und gestutzt, die Luft farblos. Hier im Tal scheint die Welt kleiner und zarter gebaut; die Felder sind kaum mehr als Weiden, so reduziert, dass ihre Hecken von hier oben wie ein Netz aus dunklen grünen Fäden über dem blasseren Gras liegen. Die Luft darunter ist träge und so von Blau getönt, dass selbst die Mittelzone, wie Künstler sie nennen, diesen Schimmer trägt, während der Horizont dahinter tiefstes Ultramarin zeigt …«.

In dieser bukolischen Landschaft von Dorset wirkt Bettiscombe Manor vollkommen richtig platziert. Am Ende eines unscheinbaren Weges gelegen, schmiegt sich das bescheiden proportionierte, von der Zeit gezeichnete Herrenhaus in seine Umgebung, mit Blicken nach Süden bis zum Meer. Erbaut 1620 und 1695 umgestaltet, ist es seit dem späten 17. Jahrhundert weitgehend unverändert geblieben. Als Jasper Conran 2016 Bettiscombe und die anliegenden, knapp über 28 Hektar großen, Ländereien erwarb, war ihm der Ort bereits vertraut. Seine Stiefmutter Caroline hatte das Anwesen zuvor dreißig Jahre lang besessen, und Jasper hatte dort viel Zeit verbracht, und eine Verbindung zu diesem Ort aufgebaut. Nach einer Karriere, in der er bedeutende Landhäuser erwarb und restaurierte, hatte er nun das Gefühl, sein eigentliches Zuhause gefunden zu haben.

Wie das Haus ist auch der Garten maßvoll angelegt, mit einer schlichten Anmutung und leiser Intimität. Hinter dem Gebäude liegt ein abgeschlossener, ummauerter »Walled Garden«, auf drei Seiten von tiefen Beeten mit Conrans Lieblingsblumen umgeben, während vorne ein entzückender Blumen- und Kräutergarten in einem einfachen Viereck von Beeten gefasst ist, wie eine illuminierte Handschrift. Ein neuer Küchengarten wird von charaktervollen Wirtschaftsgebäuden eingerahmt, darunter offene Scheunen und ein altes Kelterhaus, während Obstgarten, eine Blumenwiese am Hang und ein malerischer Teich durch nahezu unsichtbare Kastanienzäune vom Weideland getrennt sind. »Der Garten hier entsteht Bild für Bild, langsam und mit Blick fürs Detail; es ist ein evolutionärer Prozess«, erklärt Conran. »Es gibt keinen großen Plan; entscheidend ist, was sich in die umgebende Landschaft fügt. Der Garten braucht Sanftheit; er muss mit der Natur arbeiten.«

Der Garten an der Vorderseite des Hauses öffnet sich zur Landschaft und wird nur durch ein Ha-ha von der dahinterliegenden Wiese getrennt, sodass der Blick nach Süden nahtlos in die Ferne schweifen kann. Wo früher wahrscheinlich ein formellerer Garten die Architektur des Herrenhauses komplementiert hätte, sind die Beete heute mit einer prächtigen Mischung typischer Cottage-Garten-Pflanzen gefüllt, was dem Ort vollkommen entspricht.

Große Buchskugeln markieren die Eckpunkte der Rabatten, doch mehr Formalität gibt es nicht. Im Juni verwandeln sich diese Quadrate dank des fruchtbaren Bodens in ein herrlich üppig buntes, chaotisches Meer aus Farben, in dem Zierlauch, Rosen, Lilien, Fingerhut und andere Prachtstauden aus einem Schaum von Frauenmantel (*Alchemilla mollis*) und Gold-Wolfsmilch (*Euphorbia polychroma*) aufsteigen. Kräuter und Beerensträucher sind wie in einem traditionellen Cottage-Garten in die dichte Pflanzung eingewoben, während Duftwicken an rustikalen Haselobelisken emporranken. Conrad sagt: »Wenn überhaupt, habe ich den Garten weniger formal gestaltet, um ihn stärker mit der Landschaft zu verbinden. Nichts darf den Fluss unterbrechen.« Der Cottage-Garten, definiert als informeller Garten voller farbenfroher, traditioneller Pflanzen, ist ein Stil, der im viktorianischen Großbritannien entstand. Seine Ursprünge reichen jedoch weiter zurück, möglicherweise bis ins Mittelalter, als produktive Gärten mit einer zufälligen Mischung aus Nutzpflanzen, Heilkräutern und Blumen Teil des selbstversorgenden Alltags waren. Im 17. Jahrhundert begann sich der Cottage-Garten von einem rein funktionalen Ort zu etwas Ästhetischerem zu entwickeln, wie John Worlidge 1677 in seinem *Systema Horti-Culturae* beschreibt: »Es gibt kaum ein Cottage in den südlichen Teilen Englands ohne einen angemessenen Garten, so groß ist die Freude, die die meisten daran haben – nicht nur, um sich am Anblick der wachsenden Blumen, Kräuter und Bäume zu erfreuen, sondern auch, um sich selbst und ihre Nachbarn bei besonderen Anlässen wie Hochzeiten, Festen und Begräbnissen zu versorgen.« Im 19. Jahrhundert wuchs die Pflanzenvielfalt im traditionellen Cottage-Garten, und viele Quellen dokumentieren jene Arten, die wir heute mit diesem Stil verbinden. 1822 schreibt Stephen Reynolds Clark in *Hortus Anglicus,* die »prachtvolle und doch anmutige Stockrose« sei schon lange die ständige Bewohnerin jedes Cottage-Gartens. In seiner *Encyclopaedia of Gardening* aus dem Jahr 1824 erwähnt John Claudius Loudon Geißblatt, Rosen und duftende Clematis und empfiehlt Kräuter und niedrig blühende Sträucher in der Nähe des Hauses. Mitte des 19. Jahrhunderts war der Cottage-Garten als eigenes Genre etabliert. 1849 erschien die neue Zeitschrift *The Cottage Gardener,* und romantisierte Cottage-Gartenszenen fanden Eingang in die Malerei, etwa bei Helen Allingham. Der für seinen naturalistischen Ansatz bekannte Gärtner und Autor William Robinson war ein wichtiger Fürsprecher dieses Gartenstils und beschrieb ihn in *The English Flower Garden* (1883) als »weit schöner als den Garten des Gentlemans«. Die entspannte, unprätentiöse Art des Cottage-Gartens machte seinen besonderen Reiz aus. »Man kann kaum einen noch so kleinen Cottage-Garten betreten, ohne etwas Neues zu lernen oder zu entdecken«, schrieb Gertrude Jekyll 1899 in *Wood and Garden*. »Vielleicht zwei Pflanzen, die zufällig wunderbar zusammenstehen, ein hübsches Gewirr aus Kletterern oder etwas, von dem man immer dachte, es bräuchte eine Südwand, das an einer Ostwand besser gedeiht.«

Diese spontane, ungezwungene Mischung von Pflanzen bildet weiterhin das Herz des modernen Cottage-Gartens, der heute seine Renaissance erlebt. Ungepflegt im Sinne von unmanikürt und zugleich tierfreundlich, folgt der neue Cottage-Garten einem naturalistischen Stil, ganz im Einklang mit dem dominierenden Trend im zeitgenössischen Gartendesign. Mit seiner starken Betonung der Biodiversität erfüllt er auch ökologische Ansprüche, da er Nahrung und Lebensräume für Insekten, Vögel und kleine Säugetiere bietet. Farbe, Form, Duft und Haptik sind die leitenden Prinzipien, doch darüber hinaus gibt es keine Regeln – und genau das reizt Conran und bewegt ihn dazu, jedes Jahr neue Pflanzen auszuprobieren. Inspiriert von Gemälden wie John Singer Sargents *Carnation, Lily, Lily, Rose* malt Jasper Conran im wahrsten Sinne des Wortes mit seinen Pflanzen, setzt Farbakzente und streut Blüten ein, statt sie in größeren Gruppen zu pflanzen. »Für mich ist das Gestalten eines Gartens wie das Malen eines Bildes«, erklärt er. »Gestaltung entwickelt sich durch Farbe, Form und Struktur; Gestaltung ist romantisch und malerisch.« Durch die Vergrößerung der Beete im Mauergarten konnte Conran seine Pflanzungen noch eindrucksvoller präsentieren. Entlang der Rückwand spiegeln Fingerhutspitzen in Form und Farbe die leuchtend magentafarbenen Blüten der Byzantinischen Siegwurz (*Gladiolus communis* subsp. *byzantinus*) begleitet von weiteren Farbresonanzen: der tief purpurrosa Rose 'Munstead Wood', dem altrosa Türken-Mohn (*Papaver orientale* 'Patty's Plum') und anderen karmesinroten Sorten des Orientalischen Mohns. Drei Feigenbäume mit knorrigen, skulpturalen Ästen steigen aus diesem Blütenmeer auf und sorgen für Wiederholungen und Höhe in der Rabatte. »Zu meinem Rhythmus gehört, dass ich hinausgehe und Blumen aus dem Garten schneide«, sagt Conran. »Es gibt das ganze Jahr über immer etwas Neues zu pflücken. Tulpen, Iris, Rosen, Dahlien – ungefähr so gliedert sich mein Jahr.« Sein Tagebuch ist gefüllt mit Notizen und Skizzen, ständig begehrt er neue Pflanzen, und seine Ideen für den Garten sind in steter Veränderung. »Es ist ein Prozess von Ergänzen und Wegnehmen«, sagt er. »Ich blättere ständig in Saatgutkatalogen und schmiede Pläne. Einige meiner frühesten Erinnerungen gelten Gärten – dem Duft von Rosen oder dem intensiven Geruch eines schwarzen Johannisbeerstrauchs – und dieser Garten lebt ganz von ungenierter Nostalgie.« Untrennbar damit verbunden ist der unwiderstehliche Wunsch, sich mit der Natur zu verbinden, und in Bettiscombe hat Conran diese Verbindung gefunden. Sein Garten ist lediglich ein Durchgangstor zu dieser magischen Welt unter freiem Himmel.

»FÜR MICH IST DAS ANLEGEN EINES GARTENS WIE DAS MALEN EINES BILDES. ER ENTSTEHT DURCH FARBE, FORM UND STRUKTUR.«

JASPER CONRAN

Seite 14 / Selbst versamender Fingerhut mischt sich mit Rosen, Zierlauch und dem rostorangefarbenen Schöterich (*Erysimum* 'Apricot Twist') in den farbintensiven Cottage-Beeten vor Bettiscombe Manor.

Seite 17 / Ein Sitzplatz auf der Terrasse vor der restaurierten Scheune mit Blick über das umliegende Weideland.

Seiten 18–19 / Ein gepflasterter Kutschweg führt vorbei an verschiedenen Wirtschaftsgebäuden entlang der Front des Herrenhauses aus dem 17. Jahrhundert.

Seite 20 / Der kleine See am Talgrund, in dem Jasper Conran in den Sommermonaten schwimmt.

Seiten 22–23 / Eine prachtvolle Mischung aus Lupinen, Steppenkerzen und Fingerhut in den überschwänglichen Beeten des Walled Garden hinter dem Haus.

Seite 25 / Bettiscombe Manor liegt in einem eigenen idyllischen Tal, dessen geborgte Ausblicke ebenso zum Ort gehören wie die blütenreichen Beete und Nutzflächen des Gartens.

Seite 26 / Traditionelle, handgefertigte Körbe aus Kastanienholz auf einem antiken Tisch in einem Nebengebäude.

Seite 27 / *Rosa* 'Madame Isaac Pereire' im Walled Garden. Die fuchsienrosa Blüten dieser Historischen Strauchrose duften überwältigend und verblühen auf schönste Weise.

Seiten 28–29 / Dieser schattige Bereich des Walled Garden folgt einem Pflanzvorschlag von Isabel und Julian Bannerman, mit Farnen, Riesenlilien (*Cardiocrinum*) und den blassgelben Akeleien (*Aquilegia chrysantha* 'Yellow Queen') als Blickfang.

Seite 31 / Die großblütige, samtig rostrote *Iris* 'Natchez Trace' blüht zwischen anderen farbstarken Pflanzen im Walled Garden.

Seiten 32–33 / Der Cottage-Garten liegt auf einer leicht erhöhten Terrasse vor dem Haus; ein Ha-ha schafft den nahtlosen Übergang zu den Feldern dahinter. Im Viereck angeordnet, sind die Beete mit einer reichen Mischung aus Einjährigen, Stauden, Kräutern und Beerensträuchern gefüllt. »Ich streue Pflanzen eher, statt sie in großen Gruppen zu setzen – das nimmt einem formalen Raum die Strenge«, sagt Jasper Conran.

Seite 35 / Die Hühner haben ihr Zuhause im Küchengarten und dürfen gelegentlich zwischen den Hochbeeten nach Nahrung suchen.

DAN PEARSON

LITTLE DARTMOUTH FARM

DEVON, GROSSBRITANNIEN

»ICH LIEBE DIESES VERWISCHEN DER GRENZEN ZWISCHEN DEM, WAS DER MENSCH GESCHAFFEN HAT, UND DER LANDSCHAFT. DER NATURALISTISCHE BERÜHRUNGSPUNKT VON ETWAS GESTALTETEM UND ETWAS WILDEREM.«

DAN PEARSON

Mit einem majestätischen Panorama aus Meer und Himmel behauptet Little Dartmouth Farm eine außergewöhnliche Lage an der Küste von South Devon. Edward und Sally Benthall erwarben die 121 Hektar große Farm vor 18 Jahren und haben Haus, Nebengebäude und Garten umfassend umgestaltet, gemeinsam mit Dan Pearson, der einen Garten schuf, der nahtlos in die Landschaft übergeht. Der 8 Hektar große Garten ist als Gefüge verschiedener Bereiche konzipiert, mit einem kleinen, intensiv gepflegten Kern und einem Netz wilderer Zonen am Rand. »Heute streben wir bei großen Projekten wie diesem ein Verhältnis von 90 Prozent Natur zu 10 Prozent Gartenkultur an«, sagt Dan Pearson. »Rückblickend ist es uns gelungen, all die vielschichtigen Lebensräume zu schaffen, die wir uns vorgenommen hatten; viele unterschiedliche Ökosysteme entwickeln sich hier, die es vorher nicht gab. Man muss sich bewusst sein, dass man diesen Ort nicht nur als Mensch bewohnt, sondern ihn mit unzähligen anderen Lebensformen teilt, von denen man viele auch noch nicht unbedingt sieht.« Sally Benthall hat einen Hintergrund in Umwelt- und Naturschutz, daher war für sie nachhaltiges Arbeiten entscheidend: Regenwassernutzung, eine Hackschnitzelheizung und große Kompostanlagen waren gesetzt. »Biodiversität war mir sehr wichtig«, sagt sie. »Wir wollten eine breite Artenvielfalt im Garten und in der Landschaft, nicht nur aus dekorativen Gründen, also haben wir mehrere Kilometer heimische Hecken gesetzt und Hunderte neuer Bäume gepflanzt. Im Mauergarten gibt es eine enorme Vielfalt an Stauden sowie Obst, Gemüse und Kräuter mit passenden Begleitpflanzungen.« Vor allem aber wollten Sally und Edward Benthall einen Garten, der sich richtig in der Landschaft anfühlt, in einer dem Ort angemessenen Größenordnung. Nachdem sie Pearson beauftragt hatten, verbrachten sie viele Stunden damit, mit ihm ihre Ziele zu klären. »Als Dan mir den ersten Entwurf zeigte, war es, als würde jemand das Licht einschalten«, sagt Sally Benthall. »Er enthielt all unsere Ideen, nur größer und besser gedacht.« Eine ihrer besten Ideen war es, das Blechdach einer riesigen Scheune hinter dem Haus anheben zu lassen und den Raum in einen Mauergarten zu verwandeln. Dieser geschützte Ort bildet nun das Herz des Gartens, bepflanzt mit Arten, die perfekt zu seinem besonderen Mikroklima passen. Der Gestaltungsprozess begann jedoch nicht im inneren Heiligtum, sondern in den äußeren Bereichen des Gartens – in einer logischen Reihenfolge, die den ökologisch und finanziell sinnvollsten Ansatz erlaubte. Einer der ersten Schritte war ein Windschutzgürtel aus heimischen Stiel-Eichen und immergrünen Stein-Eichen (*Quercus robur* und *Q. ilex*) gemischt mit Schwedischer Mehlbeere (*Sorbus* × *intermedia*), der den ursprünglichen, bereits schwächer werdenden Bestand ersetzen sollte. »Ein großer Kranz aus heimischen Bäumen und Wildblumen umgibt den Garten und greift fingerartig in ihn hinein«, erklärt Pearson. »Die ornamental gestalteten Bereiche sind hier relativ klein, und wir haben versucht, den Übergang zu modulieren, damit man nicht zu abrupt von einem Bereich in den nächsten gerät. Ich liebe diese Unschärfe zwischen der Hand des Menschen und der Landschaft – den naturalistischen Schnittpunkt von etwas Gestaltetem und etwas Wilderem.« Dan Pearson arbeitete sich dann von außen nach innen vor, um die vorhandenen Ressourcen optimal zu nutzen. Als für die neuen Wildblumenwiesen rund um die neue Auffahrt Oberboden abgetragen wurde, konnte genau dieser Boden für die neuen Beete im Mauergarten verwendet werden.

Währenddessen wurde der Betonboden der alten Scheune aufgebrochen und für die neue Zufahrt wiederverwendet. Der gesamte Bauschutt aus dem Abriss wurde hinter dem Garten zu einem neuen Hügel aufgeschüttet, der mit Oberboden abgedeckt und anschließend mit heimischen Sträuchern und Bäumen wie Sanddorn, Schneeball, Spindelstrauch und Wildapfel bepflanzt wurde. »Anfangs haben wir dort eine Wildblumenmischung ausgesät, um in den ersten Jahren die Biodiversität zu fördern«, erläutert Pearson, »aber inzwischen ist daraus ein kleiner Wald geworden, weil die Gehölze sich schließen.« An der Vorderseite des Hauses, mit Blick aufs Meer, sind die Gartenbereiche bewusst zurückhaltend gehalten, um nicht mit der Aussicht zu konkurrieren. »Es ging allein um diesen unglaublichen Blick, deshalb war es entscheidend, den Garten nahtlos mit der Landschaft zu verbinden«, sagt der Gartendesigner. Geschwungene Beete fassen die seitlichen Bereiche einer gestuften Terrasse ein, mit in Form geschnittenen Schmalblättrigen Steinlinden (*Phillyrea angustifolia*) und Immergrünem Kissen-Schneeball (*Viburnum davidii*), die sanfte Hügel und Wellen zwischen einem weißen Schaum aus Roten Spornblumen (*Centranthus ruber*), Italienischem Brandkraut (*Phlomis italica*) und Spanischem Gänseblümchen (*Erigeron karvinskianus*) bilden – robuste, trockenheits- und windverträgliche Pflanzen, die niedrig genug bleiben, um die Sicht nicht zu verstellen. Unterhalb der Terrasse eröffnet ein neues Ha-ha weite Ausblicke zum Meer, der Blick fällt zunächst auf einen Teich. Hier hatte es bereits ein Gewässer gegeben, das Dan Pearson zu einer weichen Ovalform umgestaltete und mit Stein auskleidete, um ihm eine klarere, zeitgemäße Form zu geben. Rund um den Teich wurden längere Wiesenbereiche und gemähte Rasenflächen so angelegt, dass sie die Linien der weiteren Landschaft aufnehmen. Die gemähten Flächen mussten jedoch neu gedacht werden, nachdem mehrere regenarme Sommer die Rasenflächen austrocknen ließen. Pearson erläutert, dass man die Grasnarbe entfernt und die Bereiche mit einer Wildblumenmischung eingesät hat, die mit Zwiebelpflanzen und Stauden für trockene Standorte unterpflanzt werden soll, etwa Karthäuser-Nelken (*Dianthus carthusianorum*), Blut-Storchschnabel (*Geranium sanguineum*) und Eisenkraut (*Verbena hastata*). »Es ist ein trockener, windexponierter Standort, also muss man überlegen, was unter solchen Bedingungen wirklich gedeiht. Es wird eine Art Über-Wiese werden, aus der die Pflanzen aus dem Garten in die Landschaft hinausspringen.« Jenseits von Teich und Rasen trennt eine geschwungene Trockenmauer aus lokalem Schiefer die Weiden vom Garten, durchzogen von traditionellen »Snickets«, schmalen Durchgängen. Noch weiter unten zieht sich der Garten Richtung Meer, mit einem neuen Weidenhain aus rund zwanzig verschiedenen heimischen Kätzchenweidenarten.

Im Gegensatz dazu ist die Bepflanzung im Mauergarten etwas ornamentaler. Während im übrigen Garten die Pflanzen vor allem den rauen Küstenbedingungen standhalten mussten, bot sich hier mehr Raum für Experimente. »Wir begannen mit einem Gerüst aus geschnittenen Griselinen (*Griselinia*) und Lorbeer, die den salzigen Winden trotzen, und ergänzten *Salix* 'Nancy Saunders', Magnolien und Myrten für die Winterstruktur«, sagt Pearson. Lange Drifts von Rutenhirse (*Panicum*) schaffen Bewegung im Wind, darüber liegt eine Ebene aus vergänglicheren Stauden mit weicheren Texturen und stimmungsvolleren Farben. Doch selbst in den letzten 15 Jahren haben sich die Bedingungen durch den Klimawandels so stark verändert, dass die Bepflanzung in diesem Bereich überdacht werden muss.

»Wir überlegen, einige der Stauden zu ersetzen, die vor zehn Jahren gut funktioniert haben, jetzt aber mit den immer unberechenbareren Sommern nicht mehr zurechtkommen. Wir werden mehr mediterrane Küstenpflanzen in das Gefüge einarbeiten, damit es eher wie eine strauchige Macchie wirkt. Arten wie Zistrosen (*Cistus*), Gamander (*Teucrium*) und Hasenohr (*Bupleurum*) geben Struktur, verbunden mit einer niedrigeren Schicht aus Pflanzen wie Katzenminze (*Calamintha nepeta*) und Prachtkerzen (*Oenothera* Syn. *Gaura lindheimeri*), die sowohl Sommerdürre als auch feuchte Winter gut vertragen.« – »Wir müssen für ein sich veränderndes Klima pflanzen, denn wir erleben inzwischen extreme Ausschläge«, sagt Pearson. »Es ist wichtiger denn je, die Bedingungen des Standorts wahrzunehmen und wirklich darüber nachzudenken, was im Laufe eines Jahres passiert. Unsere Pflanzenpalette mag kleiner werden, aber vielleicht liegt gerade darin etwas Schönes – etwas zum Funktionieren zu bringen und in Einklang zu bringen.« Sally Benthall wollte unbedingt aus dem Garten leben können, daher entwarf der Designer Terrassen für Gemüse, Kräuter und Obst, mit einem Obstgarten aus lokalen Apfel- und Pflaumensorten am oberen Rand. Einige dieser Bäume stehen direkt an der Grundstücksgrenze, knapp vor dem Küstenweg. »Wir fördern inoffizielles Mundraub-Pflücken«, ergänzt die Besitzerin. Harte Materialien im Hof wurden auf ein Minimum reduziert: Lokale Steine wurden hochkant in den Wegen gesetzt, und ein grauer Kalkstein – passend zum Schiefer des Hauses – wurde für Abdeckungen und für einen rechteckigen Swimmingpool verwendet, der wie ein landwirtschaftlicher Trog wirkt. »Ich denke, unser Ziel in jedem Projekt ist es, mit den vorhandenen Bedingungen zu arbeiten und das zu tun, was dem Ort angemessen ist«, sagt Dan Pearson. »Wir greifen so wenig wie möglich ein, mit den richtigen Materialien, harten wie weichen. Wichtig ist, sich klare Prinzipien zu setzen und ihnen treu zu bleiben – manchmal heißt das einfach, sich nicht zu viel vorzunehmen. Wir alle haben zu viel, wir erwarten zu viel, und weniger ist oft mehr. Und vielleicht ist dieser Garten gerade deshalb leichter zu pflegen und weniger kostenintensiv. All diese Faktoren ergeben ein gesundes Gefühl für einen Ort, der nicht überzogen ist.« Auf Little Dartmouth Farm werden Ausblicke und Landschaft geschätzt, Wind und Wetter angenommen und die Jahreszeiten körperlich gespürt statt nur betrachtet. Der Garten empfängt die Natur mit offenen Armen und arbeitet mit dem natürlichen Rhythmus des Jahres, um das Erleben zu intensivieren. »Im ersten Teil des Jahres, bis zum Heuschnitt, steht die Landschaft im Mittelpunkt«, sagt Dan. »In den Wiesen nahe dem Haus gibt es naturalisierte Zwiebelpflanzen – Fritillarien, Camassien, Wildtulpen und *Allium*-Arten. Zur Mittsommerzeit hat die Landschaft ihren Auftritt hinter sich, und dann ist es Zeit für den Mauergarten, mit Blumen, Obst und Gemüse bis in den Herbst hinein. Es ist ein Rhythmus, der dem Mauergarten zur Hochsommerzeit die Hauptrolle gibt.« Vollkommen im Einklang mit Natur, Ökologie und Landschaft verkörpern die Gärten von Little Dartmouth Farm genau jene langfristige Umweltvision, die kommende Gartenprojekte prägen sollte. »Eines der größten Dilemmata ist, was aus einem Garten wird, nachdem er fertiggestellt wurde«, sagt Pearson. »Er liegt dann in den Händen seiner Hüter – und mit Edward und Sally Benthall haben wir großes Glück. Sie verstehen die Haltung des Gartens und der Landschaft und betrachten beides stets mit langfristiger Perspektive.«

»WIR MÜSSEN UNS
BEWUSST SEIN, DASS WIR
DEN GARTEN NICHT
ALLEINE BEWOHNEN,
SONDERN IHN MIT VIELEN
WEITEREN LEBEWESEN
TEILEN, VON DENEN MAN
DIE MEISTEN NICHT
EINMAL SIEHT.«

DAN PEARSON

Seite 36 / Eine Trockenmauer aus lokalem Stein fasst den Obstgarten ein. Zahlreiche solcher Mauern durchziehen das Anwesen und geben der naturhaften Wiesenbepflanzung Struktur.

Seite 39 / Wildblumen wie Wilde Möhre (*Daucus carota*), Echtes Labkraut (*Galium verum*), Saat-Wucherblume (*Glebionis segetum*) und Schwarze Flockenblume (*Centaurea nigra*) gedeihen in den Wiesen entlang der Zufahrt, wo der Oberboden für den Mauergarten abgetragen wurde.

Seiten 40–41 / Little Dartmouth liegt in außergewöhnlicher Lage an der Südküste Devons, mit ungehindertem Blick aufs Meer. Das 8-Hektar-Anwesen hat einen relativ kleinen Gartenkern, während die übrigen Flächen als Blumenwiesen und Niederwald bewirtschaftet werden. Die Wiese wurde mit Baumgruppen bepflanzt, deren Zentrum aus Stiel- und Trauben-Eichen (*Quercus robur, Q. petraea*) besteht, umgeben von Schwedischer Mehlbeere (*Sorbus* × *intermedia*) und unterpflanzt mit Rotem Hartriegel (*Cornus sanguinea*).

Seite 42 / Robuste, trockenheitsverträgliche Pflanzen wie Muskateller-Salbei (*Salvia sclarea*), Kugel-Lauch (*Allium sphaerocephalon*) und Bronze-Fenchel (*Foeniculum vulgare* 'Purpureum') mischen sich im Mauergarten.

Seiten 44–45 / An der Vorderseite des Hauses bleibt die Bepflanzung bewusst zurückhaltend, um den Blick nicht zu stören. Geschwungene Beete fassen die gestufte Terrasse ein, mit geschnittenen Steinlinden (*Phillyrea angustifolia*) und Kissen-Schneeball (*Viburnum davidii*) als sanften Hügeln zwischen Spanischem Gänseblümchen (*Erigeron karvinskianus*) und weißem Lavendel. Eine Großblumige Magnolie (*Magnolia* × *loebneri* 'Merrill') setzt einen höheren Akzent.

Seite 47 / Im Mauergarten schuf Dan Pearson Terrassen für Gemüse, Kräuter und Obst. Die Wege des Gemüsegartens bestehen aus Holzhäcksel und werden von einer niedrigen Spalierapfel-Hecke gesäumt.

Seiten 48–49 / Ein vorhandener Teich erhielt eine elliptische Form und eine Steineinfassung, um den Kontrast zur Wiese zu verstärken. Geschwungene, gemähte Wege führen von der Terrasse hinunter zum Wasser, während der Rasen dahinter sich infolge heißerer, trockenerer Sommer verändert. Pearson plant hier eine neue Zierwiese mit Zwiebelpflanzen und Stauden für trockene Standorte.

Seiten 50–51 / Lavendelgesäumte Steinstufen führen vom Obstgarten über die Gemüseterrasse zum ornamentalen Teil des Mauergartens. Der Garten ist von alten Wirtschaftsgebäuden umgeben und war früher ein großer Kuhstall. Die Idee, das Scheunendach zu entfernen und diesen geschlossenen Raum zu schaffen, stammt von der Besitzerin Sally Benthall.

Seiten 52–53 / Eine ruhige Sitzecke im Mauergarten, umgeben von einer vielfältigen Pflanzung: vorn die Weiße Waldaster (*Eurybia divaricata*), links die weiß- und rosablühende Teller-Hortensie (*Hydrangea serrata* 'Pulchra'), rechts eine Eichenblättrige Hortensie (*Hydrangea quercifolia* 'Snow Queen') mit Bärenklau (*Acanthus mollis* 'Rue Ledan'). Die Töpfe sind mit *Salvia* 'Amistad' und Baumangelika oder Madeira-Riesenfenchel (*Melanoselinum decipiens*) bepflanzt.

Seite 54 / Im Obstgarten ragt ein Apfelbaum aus einer reichen Mischung von Wildblumen wie Flockenblume, Skabiose und Margeriten. Der Obstgarten umfasst Tafel-, Koch- und Mostäpfel aus dem West Country, darunter 'Tom Putt', 'Woolbrook Pippin', 'Peter Lock', 'Ben's Red' und 'Farmer's Glory'.

Seiten 56–57 / Die ornamentale Bepflanzung im Mauergarten bleibt locker und naturnah, damit sie sich mit der Landschaft außerhalb der Mauern verbindet. Die dunklen Rosatöne von *Dianthus carthusianorum, Salvia* 'Penny's Smile' und *Rosa* × *odorata* 'Mutabilis' werden auf der anderen Seite des Schieferwegs von *Cornus* 'Gloria Birkett' aufgegriffen.

Seite 59 / Die geschnittene Steinlinde wird sanft begleitet von *Erigeron karvinskianus,* Woll-Ziest (*Stachys byzantina*), Elfenbeindistel (*Eryngium giganteum*) und dem rosa-blühenden Blut-Storchschnabel (*Geranium sanguineum* 'Tiny Monster'). *Verbena macdougalii* 'Lavender Spires' bildet einen Sichtschutz am oberen Ende der Stufen, während sich das Spanische Gänseblümchen (*Erigeron*) auf den Stufen selbst aussamen darf.

ISABEL & JULIAN BANNERMAN

ASHINGTON MANOR

SOMERSET, GROSSBRITANNIEN

»GÄRTEN ENTWICKELN SICH JENSEITS UNSERER KONTROLLE. MAN KANN DER NATUR NICHTS VORSCHREIBEN. ICH HALTE DAS FÜR EINEN FEHLER.«

JULIAN BANNERMAN

Isabel und Julian Bannerman haben ihr gemeinsames Leben damit verbracht, davon zu träumen, verlorene Landsitze zu retten. Ihre Leidenschaft gilt bröckelnden Häusern und vernachlässigten Gärten, denen sie neues Leben einhauchen – ohne die magische und geheimnisvolle Atmosphäre dieser »Lost places« zu zerstören. Für ihre Auftraggeber schaffen sie ausdrucksstarke englische Landgärten voller Rosen, Romantik und ihren charakteristischen grünen Eichenstrukturen, oft ergänzt durch ein Folly oder eine kleine Ruine. Die Gärten, die sie für sich selbst anlegen, stehen ihrer Opulenz in nichts nach. Ihr erstes bedeutendes Gartenprojekt war Hanham Court in Somerset, wo sie eine spektakuläre, fast theatralische Anlage schufen, die sich von einem eindrucksvollen Ensemble historischer Gebäude in kräftigen Formschnittmotiven und wilden, verwobenen Beeten ausbreitete. Dann zauberten sie beinahe über Nacht den Garten ihres nächsten Zuhauses, Trematon Castle in Cornwall, wo sie sieben Jahre lebten. Hier fühlten sie sich hin- und hergerissen, denn der Ort sei »so magisch an sich, dass nicht klar war, wie er durch Gärtnern überhaupt verbessert werden könnte«. Sie gestalteten einen märchenhaften »Blumenhügel« voller Schlüsselblumen, Orchideen und Wildblumen und ergänzten üppig bepflanzte Beete, die durch schmale Streifen blumenreicher Wiesen mit dem Haus verbunden wurden – taten aber ansonsten sehr wenig, um die Atmosphäre nicht zu stören. »Manchmal braucht es nicht mehr Garten, sondern weniger – weniger Mähen, weniger Pflanzen, weniger Kunst, weniger Kunstgriff«, sagt Isabel Bannerman. »Nichts ist schöner als ein Obstgarten, Gras und Bäume; vielleicht ergänzt durch Flieder, Pfeifenstrauch, einige Rosen, ein wenig ‚Nicht-Pflanzen' und, nahe am Haus, Nelken und duftende Cottage-Garten-Pflanzen.«

Seit 2019 gestalten sie einen neuen Garten an ihrem heutigen Wohnsitz Ashington Manor, einem elisabethanischen Herrenhaus aus warmem Hamstone inmitten bewirtschafteten Farmlands. Um dem Ort gerecht zu werden, bestand Isabels zentrale Idee darin, nicht zu übertreiben: den Garten zu »ent-suburbanisieren« und einen idealisierten bäuerlichen Cottage-Garten zu schaffen, wie sie ihn in ihrem Buch *Husbandry* beschreibt: »Der neue Garten sollte in meiner und Mr B's Vorstellung das Reich eines Yeoman sein, ein ehrbarer, kultivierter Ort, ein Somerset der Vorkriegszeit, wie aus den Bilderbüchern, durch die wir jeden Samstag auf dem Trödelmarkt in Sherborne stöbern – für mich fast kaum ein Garten.« Sie fertigten eine grobe Skizze an, bevor sie damit begannen, das Grundgerüst des Gartens freizulegen, vieles davon in Handarbeit, während die Welt im Frühjahr 2020 in den Lockdown ging. Ganz im Sinne »Dig for Victory« legten sie vorübergehende Gemüsebeete an, dort, wo sich jetzt der Rasen bis zum Obstgarten erstreckt, und stürzten sich in eine wilde Einkaufsjagd nach Pflanzen in Supermärkten und Gartencentern, bevor alles geschlossen wurde. Abgesehen vom bestehenden Apfelgarten, der erhalten blieb, war der Garten bei ihrer Ankunft flach und strukturlos und verlangte geradezu nach einem starken Gerüst. Ihr erster Schritt war daher, einundzwanzig hoch aufragende Eiben in Bienenkorbform aus der Baumschule Solitair Nursery in Belgien zu pflanzen – finanziert durch den Verkauf ihres geliebten Schäferwagens und zahlreicher anderer Dinge. Wie schon in Hanham gehört auch hier eine normannische Kirche zur geborgten Kulisse, mit einem ungewöhnlichen Laternen-Glockenturm, der eine der ältesten Glocken Englands beherbergt. Die Eibenallee rahmt nun einen reizvollen Blick auf die

Kirche, verleiht dem Garten Struktur und eine Würde, die zum Alter des Hauses passt. Obwohl die Bannermans für ihre üppigen, romantischen Pflanzungen bekannt sind, bevorzugen sie eine gute klare Linie als Rückgrat ihrer Entwürfe – ebenso wie architektonische Elemente, die Gründe schaffen, verschiedene Gartenräume aufzusuchen.

Rankbögen, Pergolen, Obstspaliere, Geräteschuppen, kleine Sommerhäuser und Hühnerhäuser – oft aus Eichenholz gefertigt – tauchen überall in ihren Entwürfen auf und bilden starke Kulissen für ihre Pflanzungen. Wege und Sitzplätze schaffen Routen durch den Garten, während Hecken und Mauern Räume gliedern, um Überraschung und Spannung zu erzeugen. Diese strukturellen Elemente, so betonen sie, sind immer der Ausgangspunkt ihrer Gestaltung. Die Pflanzen kommen danach, sind aber entscheidend für Stimmung, weiche Übergänge und das Auflösen harter Linien. Rund um die unverrückbaren Bienenkorb-Eiben von Ashington begann der neue Garten Gestalt anzunehmen, geprägt vom Haus, der Nachbarschaft, den Wildblumen und der Landschaft. »Der Grad an Formalität hängt vom Charakter des Hauses und vom Idiom der Landschaft ab«, schreibt Isabel Bannerman. »In einem großen Garten und einer weiten Landschaft ist es besonders wichtig, den Kontext und seine Geschichte zu verstehen.« Die ersten Beete wurden westlich ihres Ateliers im alten Kelterhaus angelegt, das inzwischen liebevoll Benton End genannt wird – nach den hinreißenden Benton-Iris, die entlang der Beete wachsen, zusammen mit einer wunderbaren Mischung anderer Bart-Iris in unzähligen Farbtönen, von denen einige aus Trematon mitgebracht wurden. Die Iris mischen sich mit den liebsten Cottage-Garten-Pflanzen der Bannermans in Beeten, die förmlich aus ihren Grenzen heraus explodieren – Wolken duftender Nelken, Rosen und Lavendel, dazu Lupinen, Goldlack und Rittersporn in gesättigten Farben, die einen die Stufen hinunter in den Garten ziehen. In den ersten ein bis zwei Jahren, bevor sich die Staudenpflanzungen geschlossen hatten, füllten sie die Zwischenräume mit sogenannten »Opferpflanzen« – Ein- und Zweijährigen wie Jungfer-im-Grünen (*Nigella*), Mohn (*Papaver*), Ochsenzunge (*Anchusa*) und Zier-Tabak (*Nicotiana*) –, um ein üppig wucherndes Bild zu erzeugen. Isabel hat in ihrem Buch *Scent Magic* poetisch über Duft geschrieben, und wie zu erwarten, wehen einem im Garten von Ashington an jeder Ecke Duftwolken entgegen: Flieder, Lavendel und Pfeifenstrauch, Levkojen, Tabakpflanzen, Bart-Nelken und Nachtviole – und natürlich Rosen. Hunderte von Rosen sind in die Struktur des Gartens eingewoben. 'Mermaid' ist die einzige Rose, die an der Westfassade des Hauses zugelassen ist, streng geschnitten und so geleitet, dass sie nicht über die Fensterunterkanten hinausreicht. 'The Garland' und 'Sissinghurst Castle' überwachsen die Metallbögen im Rosengarten fast vollständig, während 'Sir Cedric Morris' eine Säulen-Eibe erklimmt.

An vielen Stellen, besonders an den Gartengrenzen, wachsen zahlreiche Ramblerrosen in Bäume hinein. Entlang der Ostgrenze wurden Sträucher wie Geißblatt, Holunder und Sommerflieder gepflanzt, um den Zaun zu kaschieren. Jeder Nussbaum dort trägt seinen eigenen Rosenfeston. Vor dem Haus ist eine Allee von Trompetenbäumen auf ähnliche Weise geschmückt. Es ist, als hätten die Bannermans einen verzauberten Ring um ihr Reich geschaffen – schön, dornig und schützend zugleich.

Obwohl Rasenflächen und grüne »Räume« dem Garten die vom Haus geforderte Form geben, sind die Randbereiche wilder und weniger definiert, sodass der Übergang in die Landschaft sanfter wirkt. Der Obstgarten wurde erweitert, zuletzt um Pflaumen und Renekloden, und hier darf das Gras unter den Bäumen lang stehen, mit – geraden, nicht geschwungenen – Wegen, die hindurchgemäht werden. Vom Haus aus unterbricht außer einem einzigen Beet an der Terrasse nichts den Blick über den Rasen hin zum Obstgarten; die alten Apfelbäume rahmen verlockende Ausschnitte der Landschaft dahinter ein. Ein Weg durch den Rosengarten führt zum »Nuttery« oder Wintergarten, wo mehrstämmige Haselsträucher und ein sich lehnender Eisenholzbaum (*Parrotia persica*) von einem üppigen Teppich aus Straußenfarn (*Matteuccia*) und Helleborus umgeben sind. Später erscheinen Hunderte Türkenbund-Lilien, gefolgt von riesigen, exotischen Riesenlilien (*Cardiocrinum giganteum*), die kraftvoll in die Höhe schießen. Diese geheimnisvollen Lilien aus dem Himalaja sind monokarp und brauchen drei bis vier Jahre bis zur spektakulären Blüte – um danach zu sterben. Zum Glück bilden sie eine große Anzahl Brutzwiebeln, die nach ein paar Jahren wieder zur Blüte gelangen.

Beiderseits der Einfahrt darf der ursprüngliche Rasen unter den Trompetenbäumen hochwachsen und wird von einer unglaublichen Vielfalt an Zwiebel- und Wildpflanzen bereichert, die ihn durch die Jahreszeiten tragen: Julian Bannermans große Schneeglöckchensammlung, gefolgt von Schachbrettblumen, kleinen Wilden Tulpen (*Tulipa sylvestris*), Prärielilien (*Camassia*) und Kaschmirdolden (*Selinum wallichianum*). Am hinteren Ende des Gartens dürfen heimischer Wiesen-Kerbel, Brennnesseln und andere Wildpflanzen in die Flächen hineinwandern. Gerade diese weniger gepflegten Bereiche – die zerfransten, unordentlichen Ränder, an denen die Natur vorrückt – verleihen dem Garten seinen Charakter und verbinden ihn auf seltsame Weise mit einer anderen Zeit. »Gartengestalter denken oft, sie würden ein Gemälde schaffen, doch für mich ist es eher ein flüchtiger Traum«, sagt Julian Bannerman. »Er entwickelt sich jenseits unserer Kontrolle. Man kann der Natur nichts vorschreiben – das halte ich für einen Fehler.«

»GÄRTEN SIND ORTE,
DIE MAN MIT LEBEN
FÜLLEN SOLLTE.
SIE GEHÖREN ZUR
UMGEBENDEN NATUR,
MIT DER GEBORGTEN
LANDSCHAFT, DEN
VÖGELN, MOLCHEN
UND ALLERLEI ANDEREM
GETIER, GENAUSO WIE
›TOTE MATERIALIEN‹
WIE STEIN, HOLZ UND ALL'
DEM, WAS DER MENSCH
ERSCHAFFEN HAT.«

ISABEL BANNERMAN

Seite 60 / Diese üppigen Cottagegartenbeete vor dem Atelier des Paars waren die ersten Pflanzungen der Bannermans in Ashington Manor. Rosen wie die tiefrosa 'Comte de Chambord' und die zartrosa 'Souvenir de la Malmaison' mischen sich mit Lavendel, Lupinen, Iris und reichlich Jungfer-im-Grünen (*Nigella damascena*). Die Kletterrose 'The Garland' erklimmt die Wand des steinernen Geräteschuppens dahinter.

Seite 63 / Julian Bannerman im Garten von Ashington. Er ist der praktische Gärtner der beiden und verbringt drei bis vier Tage pro Woche mit der Arbeit im Garten.

Seiten 64–65 / Eine Reihe hoher Eiben in Bienenkorbform wurde kurz nach dem Einzug von der Solitair Nursery in Belgien erworben. Sie geben dem flachen Gelände die dringend nötige Struktur und rahmen den Blick zur Kirche im Ort. Die Beete sind mit zahlreichen Iris-Sorten in wie zufällig gemischten Farbtönen bepflanzt.

Seite 66 / Hohe Bart-Iris mischen sich mit Jungfer-im-Grünen in einem der Cottage-Garten-Beete. Neben Rosen zählen Iris zu den großen Leidenschaften der Bannermans. Sie brachten Teilstücke aus Trematon mit und ergänzten sie mit Pflanzen von Cayeux, Woottens of Wenhaston sowie Benton-Iris aus einer kleinen Gärtnerei bei Wells.

Seiten 68–69 / Der alte Obstgarten aus den 1970er-Jahren war bereits vorhanden und bildet heute den Übergang von Garten zu Landschaft. Isabel und Julian Bannerman haben ihn mit Tafeläpfeln sowie Quitten, Pflaumen und Renekloden erweitert. Unter jedem Baum bleibt ein quadratischer Wiesenbereich ungemäht, im späten Frühjahr voller Wiesen-Kerbel.

Seite 71 / Die Einfahrt schlängelt sich durch eine Allee von Trompetenbäumen (*Catalpa bignonioides*) zum elisabethanischen Herrenhaus, an dem das Paar eine eigene Veranda aus Eichenholz ergänzt hat. Einige der Bäume wurden mit Kletterrosen bepflanzt.

Seiten 72–73 / Unter der Catalpa-Allee wird das Gras nicht mehr kurz gehalten, sondern wächst als Wiese mit Wiesen-Kerbel, Hahnenfuß und Dichter-Narzissen (*Narcissus poeticus* var. *recurvus*) im späten Frühjahr. Nach frühen Schneeglöckchen folgt eine ganze Abfolge von Blüten: Winterlinge (*Eranthis hyemalis*), Schachbrettblumen (*Fritillaria meleagris*), Wilde Tulpen (*Tulipa sylvestris*), Prärielilien (*Camassia*), Pyramidenorchis (*Anacamptis pyramidalis*) und Kaschmirdolden (*Selinum wallichianum*).

Seiten 74–75 / Blick vom Rosengarten auf die Rückseite des Herrenhauses. Rechts überwuchert der Climber 'The Garland' einen Metallbogen, links steht die Ramblerrose 'Mulliganii' kurz vor der Blüte.

Seiten 76–77 / Im Schutz eines steinernen Nebengebäudes pflegt Isabel Bannerman ihre Liebe zu farb- und duftintensiven Pflanzen: Bart-Nelken, Levkojen und Lavendel. Rechts die stark duftende dunkelrote Rose 'Gipsy Boy', darüber Rittersporne wie 'Faust Fenella' und 'Blue Butterfly', die sich über einem Teppich aus Nelkenwurz (*Geum* 'Totally Tangerine') und Bart-Nelken (*Dianthus barbatus* 'Messenger') erheben.

Seite 78 / Iris 'Benton Deirdre', eine der Sorten, die der Künstler und Gärtner Cedric Morris in den 1940er-Jahren in Benton End züchtete.

Seiten 80–81 / Zart lavendelblaue Rittersporne kontrastieren mit der magentafarbenen Ramblerrose 'Perennial Blue'. Die kompakte Erscheinung der in Form geschnittenen Eiben bildet das perfekte Gegengewicht zur vielschichtigen, farbintensiven Bepflanzung der Beete.

Seite 83 / Julian und Isabel Bannerman in ihrem Garten von Ashington Manor.

SARAH PRICE

THE CHAIN

MONMOUTHSHIRE, GROSSBRITANNIEN

»UM UNSERE PERSPEKTIVEN ZU VERÄNDERN, MÜSSEN WIR UNS AUF HÄNDE UND KNIE BEGEBEN UND DIE GRASHALME BETRACHTEN, SO WIE DÜRER ES TAT, SONST ENTGEHEN UNS DIESE MAGISCHEN MOMENTE.«

SARAH PRICE

Sarah Price ist bekannt für ihre exquisiten Pflanzkompositionen, die regelmäßig auf der Chelsea Flower Show gezeigt wurden, ebenso wie das vielbeachtete Landschaftsprojekt des Londoner Olympiaparks 2012. Hochgradig komponiert und zugleich mit einer natürlichen, ja geradezu lässigen Ungezwungenheit ausgestattet, sind ihre Gestaltungen so schön, dass sie das Herz kurz stolpern lassen – weil sie genau jene verborgenen Ebenen in uns ansprechen, die auf Natur reagieren. Die Natur ist tief in Sarahs Leben verankert. Als Kind verbrachte sie ihre Ferien im Garten ihrer Großeltern am Rand von Abergavenny in Monmouthshire, Wales, und in den umliegenden Hügeln und Bergen. Ihr Großvater war ein exzellenter Gemüsegärtner, ihre Großmutter leidenschaftlich interessiert an Wildblumen – sie sammelte Blumen und Moose und presste sie für ein Buch über die lokale Flora. In dieser prägenden Zeit entwickelte Sarah eine dauerhafte Nähe zu Landschaft und Natur und stellte fest, dass sie beinahe ein fotografisches Gedächtnis für Farben und Formen wild wachsender Pflanzen hatte. »In all meiner Arbeit versuche ich, eine Atmosphäre oder ein Gefühl von Magie nachzubilden, das man in der Natur findet«, sagt sie. »Manchmal schaue ich mir Pflanzenkombinationen an, die man in der Wildnis findet, oder nutze ähnliche Pflanzenformen. Andere Male ist es vielleicht nur die Form des Landes oder die Art, wie eine Trockenmauer einen Hügel hinabführt, die mich inspiriert. Es geht immer um genaue Beobachtung – wirkliches Hinschauen. Ich mache keine Fotos, ich speichere alles im Gedächtnis. Vielleicht notiere ich etwas oder fertigte eine kleine Skizze in meinem Notizbuch an.«

2013 kehrte Sarah Price an diesen prägenden Ort zurück und übernahm den Garten ihrer Großeltern. Seitdem gestaltet sie die knapp einen Hektar große Fläche zu ihrem eigenen Garten um. Mit Blick auf den nahegelegenen Blorenge-Hügel liegt der Garten an einem leichten Hang, im Zentrum befindet sich ein rund halbhektargroßer ummauerter Garten. Der schnell fließende Bach Afon Cibi bildet die Grenze, und ein niedriger Backsteintunnel führt unter der Straße hindurch in einen geheimen Garten auf der anderen Seite. Da Sarah sich dem Ort zutiefst verbunden fühlt, wollte sie seinen Charakter nicht grundlegend verändern. Sie nutzt das vorhandene Gerüst des Gartens und formt ihn allmählich, statt radikale Eingriffe vorzunehmen. Die größte Veränderung fand im ummauerten Garten statt, der schon so lange sie denken kann ein Nutzgarten gewesen war. Als sie einzog, führte sie diese Tradition zunächst fort und schuf einen komplexen, artenreichen Küchengarten, in dem Blumen, Obst und Gemüse im Stil der einflussreichen niederländischen Priona Gardens miteinander verschmolzen.

Der Schöpfer dieses Gartens, der verstorbene Henk Gerritsen, schrieb kluge Worte über das Nachahmen der Natur in seinem Garten von Priona und über die Notwendigkeit einer starken Struktur, um wildgewebte Pflanzengesellschaften auszubalancieren: »Je wilder die Pflanzung wurde, desto stärker entwickelte sich das Bedürfnis nach einem klaren Design. Wildpflanzen wachsen in der Natur nicht planlos durcheinander, sondern dreidimensional gruppiert in erkennbaren Pflanzgemeinschaften und im Einklang mit ihrer Umgebung.«

Die idealisierte Harmonie eines symmetrischen Gartens mit geraden Hecken, einem langgezogenen, schnurgeraden Wasserbecken in der Mitte und beidseitig symmetrisch gepflanzten Bäumen hat ihre Zeit überdauert. Diese Art

der Gestaltung stammt aus einer Zeit, in der die Menschen sich vor der Natur fürchteten ... Logischerweise muss der innere Garten heute anders gestaltet werden als früher, denn natürliche Pflanzenstrukturen sind alles andere als symmetrisch strukturiert. Dennoch spiegelt der Garten eine idealisierte Harmonie der Natur wider. Idealisiert, weil Harmonie nur in unserer Vorstellung existiert, nicht in der Natur. Der Garten bleibt eine menschliche Schöpfung: Kunst (oder Kitsch), eine Illusion. Die Bepflanzung muss auf einem klaren Konzept beruhen, das auf den ersten Blick erkennbar ist. So erklärt Sarah Price, »Rahmen« für ihre Pflanzungen zu schaffen. Das können ein interessant geformter Weg sein, eine stille Sitzecke, eine Baumgruppe, die den Blick lenkt, oder ein kunstvoll geflochtener Zaun aus Weiden- oder Haselruten. »Mich interessiert die Kunstfertigkeit der Dinge; Referenzrahmen, die dich daran erinnern, dass es ein Garten ist und kein Naturschutzgebiet«, sagt sie. Trotz des natürlichen Erscheinungsbildes der arrangierten »wilden« Priona-Pflanzungen ist die Pflege einer solchen Komposition auf gutem Boden ausgesprochen zeitaufwendig. Sie stellte fest, dass sie zu viel Zeit im ummauerten Garten verbrachte und dadurch nicht genügend in die entlegeneren Bereiche des Gartens gelangte. Also entschied sie sich 2016, einen neuen Sand- und Kiesgarten anzulegen, der ihr erlauben würde, mit Pflanzengemeinschaften zu experimentieren, die in trockenen Bedingungen gedeihen. Zunächst entfernte sie den Mutterboden (den sie in den geheimen Garten brachte, um dort eine ebene Terrasse am Hang zu schaffen), und legte ihren neuen Garten als Mosaik verschiedener Substrate an – mit einer Mischung aus recyceltem Sand, Kies (10 mm) und gebrochenem Bauschutt (20 mm), in unterschiedlichen Tiefen. Heute beherbergt der Garten eine wachsende Vielfalt an Wildblumen und mediterranen Pflanzen. »In den nährstoffarmen Substraten wachsen die Pflanzen langsamer und sind robuster, auch ist die Konkurrenz geringer und die Komplexität und Abfolge kann erstaunlich sein«, sagt Sarah Price. Der Effekt, den sie erzeugt, gleicht der schönsten natürlichen Wiese, die man sich nur erträumen könnte – und genau das ist der Punkt. Es ist keine wilde Wiese, sondern eine imaginierte Landschaft, oder »erträumte Natur«, wie Henk Gerritsen es nannte. Ein Kunstwerk.

Der Pflanzplan ist darauf ausgelegt, mit den Jahreszeiten zu fließen und zu wechseln, beginnend im Frühling mit winzigen Wildtulpen, die zeitgleich mit den Kuhschellen erscheinen. Die kleine rosafarbene Felsen-Tulpe (*Tulipa saxatilis* 'Lilac Wonder') ist eine ihrer Lieblingspflanzen: »Sie sieht so schön aus, wenn sie unter solch harschen Bedingungen wächst – so viel zarter«, sagt sie. Der Meerkohl (*Crambe maritima*) ist eine der Schlüsselarten in diesem Plan, über die Fläche verteilt, um alle anderen Pflanzen miteinander zu verbinden. »Nach den Tulpen kommt dieses violette Aufleuchten des neuen Austriebs des Meerkohls und Wiesen-Storchschnabel (*Geranium pratense* 'Midnight Reiter') zusammen mit Silberblatt (*Lunaria annua* 'Corfu Blue') und später Wiesen-Glockenblumen (*Campanula patula*).« Aus diesem weichen Unterwuchs erheben sich elegante Blütenstände, darunter Gelber Affodill (*Asphodeline lutea*), Violette Königskerzen (*Verbascum phoeniceum* 'Violetta') und Rostfarbiger Fingerhut (*Digitalis ferruginea*) sowie der Färber-Wau (*Reseda luteola*), eine Wildstaude, für die Price eine große Schwäche hat. Manche Pflanzen wie der Meerkohl kommen im groben Schuttuntergrund bestens zurecht, während andere die feineren Partikel des Sands bevorzugen.

Eine der Methoden, mit denen Sarah in ihren Pflanzschemata Kontinuität schafft, besteht darin, zwei oder drei dominante, langlebige Arten zu wählen, die die Pflanzung durch das Jahr hindurch verankern. In diesem Garten verwendet Sarah neben dem Meerkohl verschiedene Wolfsmilcharten, insbesondere die sommerblühende Steppen-Wolfsmilch (*Euphorbia seguieriana* subsp. *niciciana*), um den Raum zu einen. In dem kargen Substrat gedeiht diese Wolfsmilch prächtig und formt kompakte, rundliche Büsche mit limettengrünen Blüten, während sie in nährstoffreicheren Böden leicht unansehnlich wirkt und umkippt. Eine weitere Schlüsselart ist er dunkel-purpurfarbene Blumen-Dost (*Origanum laevigatum* 'Herrenhausen'), der ebenfalls in nährstoffreichen Böden zum Umfallen neigt. Eine weitere Möglichkeit, dieser wiesenartigen Pflanzung Zusammenhalt zu verleihen, besteht darin, Farben und Formen im Raum zu wiederholen – jedoch nicht zwingend mit identischen Pflanzen. »Ich mag es, die Formen und Farben mit unterschiedlichen Pflanzen widerhallen zu lassen, sodass man ein Gefühl von Wiederholung aufbaut, aber mit mehr Artenvielfalt«, sagt die Gestalterin. So wird der Farbton der rundlichen, purpurgetönten Blüten des Blumen-Dosts von jenen des Kanten-Lauchs (*Allium angulosum* 'Summer Beauty') und in zwei unterschiedlichen Skabiosen aufgegriffen, deren knopfförmige Blüten in leicht unterschiedlichen Pastelltönen von blassem Mauve erscheinen: der Acker-Witwenblume (*Knautia arvensis*) und dem einjährigen Transsylvanischen Schuppenkopf (*Cephalaria transylvanica*), der sich im Sand selbst aussät. Das Limettengrün der Wolfsmilch findet sich anderswo wieder – im Sichelblättrigen Hasenohr (*Bupleurum falcatum*), das ähnlich lange den Sommer über blüht, sowie im Gelben Lauch (*Allium flavum*). »Zu manchen Zeiten im Jahr ist die Farbe so traumhaft und unglaublich, und zu anderen Zeiten ist sie intensiver und ruhiger«, beschreibt Sarah. »Es ist eine Art Pflanzung, die man betrachten muss, indem man sich hinsetzt – dann erkennt man all die Feinheiten.«

Dutzende verschiedener Gräserarten, von Nest-Kopfgras (*Sesleria nitida*) bis Grannenhirse (*Oryzopsis miliacea*), weben sich durch die Pflanzung, in der Farbe ähnlich, aber in der Form jeweils leicht verschieden, während Silber- und Grautöne in Form von Palmlilien-Mannstreu (*Eryngium yuccifolium*), Woll-Ziest (*Stachys byzantina*) und dem ungewöhnlichen Rauhaarigen Backenklee (*Lotus hirsutus*) eingestreut sind – eine äußerst robuste und widerstandsfähige Pflanze, die im Samenstand ebenso attraktiv ist wie zur Blütezeit. Leuchtendere Farben werden sparsam eingesetzt: Plötzliche Ausbrüche von leuchtend pinker Kronen-Lichtnelke (*Silene coronaria*), elektrisierend violettem Eisenkraut (*Verbena officinalis* 'Bampton') und der zauberhaften Zistrose (*Cistus* × *argenteus* 'Silver Pink') lenken den Blick. Von Insekten und Vögeln belebt und im frühen Morgen- oder Abendlicht von intensiver Schönheit, ist der ummauerte Garten nun deutlich weniger pflegeintensiv. Keine der Pflanzen wird jemals gewässert; die einzige Pflege besteht darin, im Frühjahr unerwünschte Sämlinge zu jäten und im Februar alles zurückzuschneiden.

Eine andere Art von Experiment findet im geheimen Garten statt, wo Sarah Price eine völlig andere Form einer Wiese anlegt. Ihre Eingriffe begann sie hier vor über zehn Jahren, als sie einige *Deschampsia*-Gräser in die überwucherte Grasnarbe setzte. Einige Jahre später bemerkte sie, dass sie sich vermehrt hatten, den Rasen durchzogen und

Brombeeren sowie das dominierende Weidenröschen in Schach hielten. Also begann sie, weitere Stauden zu ergänzen, um zu sehen, was passieren würde. Sie pflanzte verschiedene Storchschnäbel (*Geranium sylvaticum* und *G. pratensis* 'Mayflower') direkt in den Rasen – und beide gediehen prächtig. Die Bestände der Prärielilien (*Camassia*) begannen sich zu vermehren, und ähnliche Erfolge zeigten sich bei Astern, Sterndolden (*Astrantia*), Sonnenbraut (*Helenium*), Herbstmargerite (*Leucanthemella*) und Wiesenraute (*Thalictrum*), die nun Seite an Seite mit Wildblumen wie Margeriten (*Leucanthemum*) und Flockenblumen (*Centaurea*) wachsen.

»Es ist eine langsamere Art des Gärtnerns, aber man stört das bestehende Ökosystem nicht – es ist ein bisschen wie die No-dig-Methode beim Gemüseanbau, bei der der Boden unberührt bleibt«, erklärt Price. Wie im Sand- und Kiesgarten wachsen die Pflanzen auch hier nicht ganz so üppig, was zu einer größeren Artenvielfalt führt. Die Struktur im geheimen Garten entsteht durch ein Sammelsurium aus geschnittenen Hainbuchen und anderen Jungbäumen, die sich hier selbst ausgesät hatten. Anstatt sie zu versetzen, hat Sarah mit dem gearbeitet, was die Natur ihr angeboten hat, und sie locker zu einfachen, wolkenartigen Formen geschnitten, die ihrem natürlichen Wuchs folgen. Jeder einzelne von ihnen bildet sein eigenes Mikroklima, wirft Schatten und schafft so kleine Saumwald-Habitate, in denen andere Wildblumen und Insekten ihre Heimat finden. Noch mehr Pflanzenvielfalt entstand durch das Anlegen eines neuen Teichs – die jüngste Entwicklung im Garten. Aus Sandsäcken gebaut, um die Verwendung von Kunststoff auf ein Minimum zu reduzieren, spiegelt der Teich die Form des Berges wider und schafft ein weiteres Habitat im Garten, das neuen Pflanzen und weiterer Tierwelt Raum bietet.

»Ich versuche, Einheit und Atmosphäre in meinen Gärten zu schaffen«, sagt sie. »In diesem Garten wollte ich verbindende Bänder durch den Raum legen, um ihm die nötige Kohärenz zu geben, und die Wiese ist dieses einigende Thema.« Ästhetisch ist dies ein Ort von tiefer Schönheit, der einen inneren Klang erzeugt – und das ist letztlich der Zweck ihrer Arbeit. Sie möchte die Menschen bezaubern, sie dazu bringen, instinktiv in einem ihrer Gärten sein zu wollen, sie hinaus in die Natur ziehen. »Es trifft sich nur, dass meine Ästhetik die Natur gleich mitbringt«, erklärt die Pflanzplanerin. Belebt von Vögeln, Bienen und Schmetterlingen am Tag sowie Fledermäusen und Nachtfaltern bei Nacht, ist der Garten so pflegeleicht wie möglich gestaltet. »Konventionelle Beete benötigen so viel Zeit in der Pflege, und in der heutigen Zeit erscheint es falsch, pflegeintensive Gärten zu entwerfen«, davon ist sie überzeugt. »Wenn man für Nachhaltigkeit gestaltet, muss man mit dem arbeiten, was schon da ist. Man sollte auf lokale Materialien und lokales Handwerk schauen – so entsteht wirklich ein Gefühl von einem Ort in einem Garten. Ich sehe den Garten als kreative Möglichkeit; ich reagiere darauf, was der Garten mich tun lässt.«

»BEI MEINER ARBEIT
VERSUCHE ICH, EINE
BESONDERE ATMOSPHÄRE
ZU ERSCHFFEN, ODER
DEN ZAUBER
NACHZUEMPFINDEN,
DEN MAN IN DER
NATUR FINDET.«

SARAH PRICE

Seite 84 / Schwefelgelbe Nachtkerze (*Oenothera stricta* 'Sulphurea') im ummauerten Garten zwischen bronzefarbenem Fenchel (*Foeniculum vulgare* 'Purpureum').

Seite 87 / Sarah Price auf dem Weg aus dem Tunnel, der die beiden Gartenteile verbindet. An der Wand über ihr die Rose 'Mary Delaney' am Spalier gezogen.

Seiten 88–89 / Sarah Price gestaltete den einen halben Hektar großen ummauerten Garten im Jahr 2016 neu und schuf ein Mosaik verschiedener Substrate, darunter Sand, Kies und geschredderter Bauschutt, in denen sie mit einer artenreichen Auswahl trockenheitsresistenter Pflanzen experimentieren konnte. Die Pflanzpalette ist so angelegt, dass sie sich mit den Jahreszeiten verändert, wobei einige Leitarten ein verbindendes Gerüst bilden. Im Sommer dominiert die frisch limettengrün blühende *Euphorbia seguieriana* subsp. *niciciana* die Szene, während der Glänzende Liebstöckel (*Ligusticum lucidum*), ein Doldenblütler, ein weiteres wiederkehrendes Motiv bildet. Ein Paar orangefarbener Steppenkerzen (*Eremurus* × *isabellinus* 'Cleopatra') sticht aus der sanft wogenden Pflanzung hervor.

Seite 90 / Mit dem Garten übernahm Sarah auch ein viktorianisches Gewächshaus, das sie für empfindliche Pflanzen und Sämlinge nutzt. Die Bepflanzung hier umfasst leicht wirkende violette Kandelaber-Salbei (*Salvia candelabrum*), Spanische Edeldistel (*Eryngium bourgatii*), Knollenkümmel (*Bunium bulbocastanum*) und Gräser wie das Große Zittergras (*Briza maxima*).

Seite 92 / Ein alter Flieder, von Sarahs Großmutter gepflanzt, lehnt sich elegant über den Hauptweg im ummauerten Garten und wird mit knorrigen Ästen abgestützt, um ihn hervorzuheben. Neue Schösslinge treiben bereits an der Basis aus, doch Sarah entschied sich, den absterbenden Baum als Lebensraum für Insekten und Tiere zu erhalten.

Seite 93 / Die Zistrose *Cistus* × *argenteus* 'Silver Pink' ist eine Pflanze, die auf felsigen Hängen im Mittelmeerraum und auf den Kanarischen Inseln wild wächst und daher hervorragend an trockene, unwirtliche Standorte angepasst ist.

Seite 95 / Ein Weg führt durch die Pflanzung im ummauerten Garten, wobei *Salvia candelabrum* das tiefere Violett des Quirlblütigen Salbeis (*S. verticillata*) im Vordergrund aufgreift.

Seiten 96–97 / Sechs verschiedene Arten von Wolfsmilch gedeihen in diesem Garten, darunter *E. seguieriana* subsp. *niciciana* und *E. oblongata* (rechts gezeigt), sowie viele verschiedene Doldenblütler, darunter *Seseli libanotis*, *Ligusticum lucidum* und *Athamanta turbith*. Im Vordergrund harmonieren lockere Horste des einheimischen Taubenkropf-Leimkrauts (*Silene vulgaris*) angenehm mit der übrigen Pflanzung. Dies ist eine jener Pflanzen, die die verschiedenen Gartenbereiche miteinander verbinden, da sie auch im geheimen Garten vorkommt.

Seite 98 / *Cistus* × *argenteus* 'Silver Pink' mit *Ligusticum lucidum*, einem eleganten mediterranen Doldenblütler mit zarten, rundlichen Blütenständen und glänzendem, filigranem Laub.

Seite 100 / Die Samenstände von *Asphodeline lutea* ragen dramatisch aus der Pflanzfläche empor, darunter *Geranium pratense* 'Midnight Reiter'. Beide Pflanzen gedeihen gut im sandigen Substrat.

Seite 101 / Sarah Price im ummauerten Garten. Die dynamische, fließende Natur dieses Gartens bedeutet, dass eine Nähe zur Pflanzung notwendig ist, um deren Entwicklung zu lenken. Sarah verbringt so viel Zeit wie möglich im Garten.

Seiten 102–103 / Der jüngste Gartenteil, der Gestalt angenommen hat, ist der geheime Garten, der durch einen kleinen Tunnel unter der Straße erreichbar ist. Die Eiche links war der erste Baum, der von Sarah Price behutsam geformt wurde, nachdem vor zehn Jahren ein Ast mit einem Bienenschwarm entfernt worden war. Die langen, belaubten Zweige einer Mispel, die Sarahs Vater gepflanzt hat, strecken sich über das Wiesengras, das im Sommer mit Margeriten übersät ist.

Seite 105 / Im geheimen Garten wurde ein neuer Teich angelegt, um einen Lebensraum für Insekten, Vögel und Tiere zu schaffen. Eine einfache Brücke wurde von dem Landschaftskünstler Mick Petts aus der Region aus einer in der Nähe gefällten Berg-Ulme gebaut.

Seiten 106–107 / Der Teich mit Blick zum Haus, im Hintergrund der Blorenge-Hügel. Zu den Pflanzen, die am und im Teich gedeihen, gehören Sumpf-Schwertlilien (*Iris pseudacorus*), Wasser-Minze (*Mentha aquatica*), Schildblatt (*Darmera peltata*), Gauklerblume (*Mimulus luteus*) und Flatterbinsen (*Juncus effusus*). Price zähmt die Wiese rund um den Teich behutsam und experimentiert mit robusten Stauden wie Storchschnabel, Wiesenraute, Sterndolden, Christophskraut (*Actaea*) und vielen anderen.

Seite 109 / Sarah Price pflückt Blumen im ummauerten Garten, *Cistus* × *argenteus* 'Silver Pink' und *Ligusticum lucidum*, das beginnt, sich auszusamen.

ANDREW SALTER

BARN GARDEN

KENT, GROSSBRITANNIEN

»ICH WOLLTE, DASS MAN IN DEN GARTEN EINTAUCHEN KANN, WIE IN EINEN WASSERGRABEN. ICH HATTE DIESE VISION VON DER SCHEUNE, DIE DURCH EIN MEER AUS HOHEN GRÄSERN UND BLUMEN ZU SCHWEBEN SCHEINT.«

ANDREW SALTER

Entgegen aller Tradition hat Andrew Salter unbeirrbar eine Vision verfolgt, um einen Garten zu schaffen, der eigenwillig und faszinierend ist. Sein Garten-im-Feld lässt sich wohl am ehesten als eine interaktive Installation beschreiben; ein Ort des Experimentierens und intensiver Gartenkultur, der dazu dient, seinen Besitzer mit seinen Pflanzen und den Jahreszeiten zu verbinden. Auf dieser Bühnenlandschaft steht eine schlichte Holzscheune inmitten eines dicht bepflanzten, kunstvollen quadratischen Gartens, dieser wiederum von einer Wiese und einem Obstgarten eingerahmt, die weite Landschaft dahinter. Die Szenerie wirkt wie eine Illustration aus einem Kinderbuch: das hohe, schmale Holzhaus, das in einem Meer hoher, farbenprächtiger Pflanzen gestrandet ist, die im Laufe des Jahres an- und abschwellen. Man könnte vermuten, Andrew hätte sein ganzes Leben lang gegärtnert, doch das ist keineswegs der Fall. Als freischaffender Künstler, spezialisiert auf Spezialeffekte in der Werbebranche, verspürte er im Alter von 29 Jahren plötzlich und unerklärlich den tiefen Wunsch, etwas über Pflanzen zu lernen. »Ich lebte in King's Cross, arbeitete Vollzeit, und ständig überkam mich das Gefühl, dass ich draußen arbeiten müsste. Dabei wusste ich damals nicht einmal, wie eine Tulpe aussieht«, erinnert er sich.

Seinem Instinkt folgend verließ Salter London und zog nach Whitstable an die Küste von Kent, nahm sich dann ein Sabbatical und ging nach Japan, um auf einer Reisfarm zu arbeiten und Permakultur zu erlernen. »Es war Herbst, und alle Ziergräser standen in voller Pracht, und irgendetwas ist in mir angesprungen«, sagt Andrew. »Ich wusste, dass ich nach England zurückkehren und etwas über Pflanzen lernen musste.« So schrieb er sich 2006 für einen berufsbegleitenden Gartenbaukurs am Hadlow College ein. Eine der entscheidenden Erfahrungen während dieser Zeit war die Bekanntschaft mit Great Dixter. »Alle sprachen von Christopher Lloyd in solch ehrfürchtigen Tönen«, erinnert er sich. »In der Bibliothek hatten wir all seine Bücher, und ich verbrachte den gesamten Winter damit, sie zu lesen.« Er verliebte sich in Dixter, ohne es überhaupt gesehen zu haben, und wartete den ganzen Winter voller Erwartung, bevor er es im Frühjahr besuchte, als die Gärten wieder öffneten. »Es war eine Offenbarung«, sagt er. »Ich ging allein, wanderte umher, mit offenem Mund, und war völlig hingerissen von allem, was ich sah. Es war tiefgründiger, anregender und inspirierender, als ich es mir je hätte vorstellen können.« Nach diesem ersten Besuch kam er immer wieder zurück und fasste schließlich Mut, zu fragen, ob er dort ehrenamtlich arbeiten könne.

Salter wurde in Dixter mit offenen Armen empfangen und arbeitete unter dem leitenden Gärtner Fergus Garrett, sooft es sein Arbeitsplan zuließ – manchmal lehnte er sogar bezahlte Arbeit ab, nur um dort sein zu können. Die Lernkurve war enorm steil, und endlich wurde seine Neugier auf Pflanzen gestillt. Unvermeidlich wuchs schließlich der Wunsch, einen eigenen Garten zum Experimentieren zu haben, und so kaufte er 2014 ein kleines Holzhaus in einem ländlichen Weiler nahe Canterbury. Die außergewöhnliche Holzscheune war 1985 als Architekturstudio erbaut worden. »Damals war der gesamte Weiler eine Rudolf-Steiner-Kommune«, erklärt Andrew. »Ein Mitglied der Gemeinschaft war Architekt, und es gelang ihm, die Genehmigung zu erhalten, eine verfallene Scheune neben der Kapelle abzureißen und an exakt derselben Stelle mitten im Feld eine neue zu errichten.« Zu dieser Zeit las er

Walden, Henry David Thoreaus Memoiren aus dem 19. Jahrhundert, in denen der amerikanische Intellektuelle seine Erfahrungen schildert, nachdem er sich von der Gesellschaft zurückgezogen und zwei Jahre, zwei Monate und zwei Tage allein in einer einfachen Hütte in den Wäldern von Massachusetts gelebt hatte. Thoreau schwärmte von seiner Erfahrung und beschrieb seine intensive Verbindung zur Natur: »Jeder Morgen war eine fröhliche Einladung, mein Leben ebenso schlicht und – man darf sagen – unschuldig zu gestalten wie die Natur selbst«, schrieb er.

»Ich wollte bewusster leben und alles Mark des Lebens heraussaugen, so kraftvoll und spartanisch, dass alles, was kein Leben war, zurückgedrängt würde; eine breite Schneise schlagen und dicht abschneiden, das Leben in die Enge treiben und auf seine einfachsten Begriffe reduzieren … Manchmal, an einem Sommermorgen, saß ich auf der Türschwelle und war von Sonnenaufgang bis Mittag versunken in Träumereien, zwischen Kiefern, Hickorybäumen (*Carya*) und Sumach, in ungestörtem Alleinsein und stiller Ruhe, während die Vögel ringsum sangen oder lautlos durch das Haus huschten.«

Die Lektüre über Thoreaus Erlebnisse hatte einen tiefgreifenden Einfluss auf Andrew Salter, Das Konzept der Isolation in der Natur faszinierte ihn. Als er die alleinstehende Scheune mitten im Feld sah, wusste er, dass er nur hier leben wollte. »Ich hatte dieses elementare Bild einer einfachen Behausung, die im Einklang mit ihrer Umgebung steht«, sagt er. »Ich hatte sofort ein vollständiges Bild im Kopf davon, wie es sein würde. Ich sah das Haus vor mir, umgeben von Pflanzen.« Sobald er die Scheune übernommen hatte, begann er mit der Umsetzung seiner Vision: Er legte ein schmales Deck rund um das Haus an, legte dann die Beete von Hand an und umgab sie mit einem schlichten Staketenzaun aus Kastanienholz. Drei Monate nahm er sich von der Arbeit frei und schuftete täglich acht Stunden, um die Grasnarbe abzutragen, Steine und Schutt zu entfernen und rund 10 bis 15 Tonnen Pilzkompost einzuarbeiten. »Ich wusste genau, wie es sich anfühlen sollte«, erinnert sich Salter. »Ich wollte, dass man in den Garten eintauchen kann, wie in einen Wassergraben. Ich hatte diese Vision von der Scheune, die durch ein Meer aus hohen Gräsern und Blumen zu schweben scheint.« Und im Spätsommer und Herbst, wenn die Pflanzung ihre höchste Wuchshöhe erreicht, fühlt es sich genau so an. Die Pflanzen ragen hoch auf und drängen sich eng an das Haus heran, während man über das Deck balanciert, und wenn man aus dem Inneren der Scheune hinausschaut, hat man beinahe das Gefühl, mitten in der Pflanzung zu stehen. »Wir neigen dazu, uns von der Außenwelt zu trennen, uns von ihr abzuschneiden, aber hier ist man Teil davon«, ist Salter überzeugt. »Es ist etwas an den Materialien und an der Dimension dieses Ortes, das einen viel enger mit dem Außenraum verbindet. Es fühlt sich sehr intim an. Ich kann hier sitzen, und der Garten ruft mich hinaus. Er lädt mich immer ein. Gärtnern bedeutet Sehen und Beobachten, und das kann ich vom Haus aus tun.«

Nachdem er von Fergus Garrett über Kontraste in Form, Gestalt und Farbe gelernt hatte, wusste Andrew genau, welche Arten von Pflanzen er wollte – eine artenreiche, üppige Mischung aus Sträuchern, Stauden, Gräsern und Zwiebelpflanzen. Er hatte noch nie an einem Ort dieser Größe gearbeitet, also pflanzte er intuitiv und schaffte im

Laufe der Zeit immer mehr Pflanzen heran, oft verschiedene Formen oder Sorten derselben Art. Dies, sagt er, stille seine unendliche Neugier auf Pflanzen (sowie seine, wie er offen zugibt, ausgesprochene Sammelleidenschaft). »Ich würde sagen, dass sich gerade aus den kleinen Abweichungen im Detail – sei es Form, Farbe, Lebenszyklus oder anderem – ein besonderer Reiz ergibt, wenn man einen Blick durch einen Garten wirft. Das gilt besonders für einen Garten wie meinen, in dem das Land eher flach und offen ist und Topografie, Lichtverhältnisse, Windrichtung und Bodenqualität nicht variabel genug sind, um große Unterschiede im Pflanzenwuchs hervorzubringen. Wenn die ausgewählten Exemplare einer bestimmten Pflanze sich alle ein wenig unterscheiden, entsteht für mein Empfinden ein befriedigenderes und zugleich überraschenderes Gesamtbild.« Inspiriert vom Figurengarten in Great Dixter, pflanzte er mehrere Arten von Kiefern und Zypressen, die im Winter das Rückgrat des Gartens bilden. »Ich nutze sie, um die Wirkung der umgebenden Pflanzen zu verstärken, sodass die Kontraste für mich zu singen beginnen«, sagt er und weist auf einen Japanischen Ahorn neben einer blauen Zypresse hin – »eine Regelbrecher-Kombination« – sowie auf die skurrile Form der japanischen Sicheltanne (*Cryptomeria japonica* 'Rasen-sugi'), die er als »Zeichentrickfigur« beschreibt. Weitere strukturgebende Sträucher, darunter Rotlaubiger Säulen-Holunder (*Sambucus nigra* f. *porphyrophylla* 'Black Tower'), sind über die Pflanzung verteilt, ebenso Ziergräser, wie Diamant-Reitgras (*Calamagrostis brachytricha*), Afrikanisches Lampenputzergras (*Pennisetum macrourum*) und das Zwerg-Pampasgras (*Cortaderia selloana* 'Pumila'), die sanfte Bewegungen und eine Verbindung zur Wildnis einführen. Um diese Struktur herum windet sich ein ständig wechselndes Pflanzengewebe, das im Februar mit dem Schneeglöckchen *Galanthus* 'Atkinsii' beginnt, gefolgt von einer Reihe von Frühlingsgeophyten, Rosen wie der tief dunkelroten 'Florence Mary Morse' und schließlich spätblühenden Stauden, darunter Kandelaberehrenpreis (*Veronicastrum*), Astern, Japan-Anemonen, wolkenartiger Alpen-Knöterich (*Koenigia alpina*) und der hoch aufragende Federmohn (*Macleaya* × *kewensis* 'Flamingo', der noch höher und kräftiger als die verbreitetere *M. cordata* wird).

Es gibt weder eine logische Struktur oder Modetrends bei der Pflanzenauswahl. Salter wählt Pflanzen aus aller Herren Länder, wenn ihn ihre Form oder ihr Charakter ansprechen, und kombiniert sie auf unkonventionelle Weise, um eine intensive dramatische Spannung zu erzeugen. Anstatt sklavisch zu versuchen, eine naturalistische Szene zu erschaffen (und damit Pflanzen auszuschließen, nur weil sie »exotisch« sind oder wirken könnten), ist seine Pflanzung allumfassend, und das Ergebnis ist eine abstrakte Komposition, die die Natur dennoch unbefangen nachahmt. »Ich glaube, wir Menschen müssen uns einfach mit Pflanzen umgeben. Es spielt keine Rolle, welche Pflanzen das sind, und Bienen und Insekten sind da auch nicht besonders wählerisch«, sagt Andrew Salter. »Je abstrakter eine Pflanzung ist, umso mehr ähnelt sie der Natur, und ich glaube, ein stärker vorgeschriebenes Design würde gerade an diesem Ort weniger passen. Ich war immer etwas besorgt, ob sich der Garten in die lokale Bauweise einfügen würde, aber ich finde nicht, dass er fehl am Platz wirkt. Für mich fühlt er sich natürlich an, und trotz dieser dichten, bunt gemischten Pflanzung liegt etwas enorm Beruhigendes und Elementares darin.«

Seite 110 / Andrew Salter arbeitet in seinem Garten. Manchmal nimmt er sich eine Woche oder länger von seiner freiberuflichen Tätigkeit als Spezialeffektkünstler frei, um sich ganz der Gartenarbeit zu widmen.

Seite 113 / Die stacheligen grün-braunen Blütenstände der Palmwedel-Segge (*Carex muskingumensis*) bilden einen Kontrast zu ihrem schilfartigen Laub.

Seiten 114–115 / Die Holzscheune liegt in einem Meer von Pflanzen, die fast bis an das Gebäude heranreichen. Durch einen schlichten Kastanienzaun von der umliegenden Wiese getrennt, ist der Garten voller eklektischer, ungewöhnlicher Pflanzenkombinationen, die darauf ausgelegt sind, die Natur zu emulieren, nicht sie nachzubilden.

Seite 116 / Der strahlend purpurblau blühende *Salvia* 'Amistad' webt sich zwischen die Samenschoten des einjährigen Silberblatts (*Lunaria annua*). Dieser Garten ist nicht groß, doch es gibt so viele Details in der Pflanzung, dass Zeit nötig ist, um die Feinheiten zu betrachten und aufzunehmen.

Seiten 118–119 / Zum Haus gehört auch ein alter Obstgarten. Das Gras der Wiese wird mit der Sense geschnitten.

Seite 121 / Jedes Jahr zieht Andrew Salter Einjährige aus Samen heran, um sie in die Beete einzuweben. Dieses gärtnerische Ritual ist Teil der sich ständig weiterentwickelnden Gestaltung seines Gartens.

Seite 122 / Haus und Garten liegen buchstäblich wie gestrandet im Feld. Da man nur in einiger Entfernung parken kann, führt ein schmaler Steinpfad zum vorderen Gartentor, dessen Eingangsbereich durch überhängende Pflanzen verengt wird.

Seite 123 / Die verblassenden Blätter des Federmohns (*Macleya*) brechen aus den Grenzen des Gartens hervor und dürfen anmutig vergehen, wenn der Sommer in den Herbst übergeht.

Seiten 124–125 / Sträucher bilden das Rückgrat des Beetes und bieten unterschiedliche Blattfarben und -texturen. Das glänzend purpurfarbene Laub des Perückenstrauchs (*Cotinus coggygria* 'Royal Purple') wird von dem des Schwarzen Holunders (*Sambucus nigra* 'Black Lace') dahinter aufgegriffen, während die spitzen Blätter von *Yucca gloriosa* im Kontrast zu den niedrigen, kissenartigen Japanischen Spiersträuchern (*Spirea japonica* 'Magic Carpet') stehen.

Seite 126 / Die Stauden-Sonnenblume (*Helianthus* 'Lemon Queen') lugt durch den Kastanienstaketenzaun.

Seite 127 / Andrew Salter auf dem schmalen Deck, das das Haus vom Garten trennt. Er wollte die Pflanzen so nah wie möglich am Haus haben, damit er selbst im Inneren das Gefühl hat, Teil der Natur zu sein.

Seiten 128–129 / An einem Herbstmorgen mildern Stauden, Gräser und Sträucher im Garten die harte Kontur des Holzhauses. Im Spätwinter werden die Stauden und die Sträucher zurückgeschnitten, bevor der Zyklus von Neuem beginnt.

Seite 131 / Die im Spätsommer gesäten Jungpflanzen sind bereit zum Vereinzeln.

REFUGIUM

Gärten und Parks in unseren Städten spielen eine entscheidende Rolle bei der Minderung der Folgen des Klimawandels: Sie senken die Temperaturen, reduzieren Luftverschmutzung und lindern die Folgen von Starkregenereignissen und Überschwemmungen – ganz zu schweigen von den positiven Auswirkungen solcher Räume auf die psychische Gesundheit. Und doch haben wir im überall urbanen Raum unsere Vorgärten für Autos oder der vermeintlich einfacheren Pflege asphaltiert, zubetoniert, versiegelt. Wir entfernen Hecken und errichten abschottende Zäune. Pflanzflächen werden überpflastert oder mit einem sterilen Teppich aus Kunstrasen ausgelegt, weil wir zu bequem sind, einen Rasen zu pflegen. Wir leben in urbanen Wüsten, in denen kaum eine Blume zu sehen ist. Aber das muss nicht so sein.

Die Gärten in diesem Kapitel zeigen, was möglich ist, um dieser Verarmung entgegenzuwirken. Als Rückzugsorte für Menschen und Wildtiere gleichermaßen orientieren sie sich an imaginären Landschaften und sind als Mikrokosmen wilder Räume gestaltet. Selbst die kleinste Fläche kann mit geringstem Aufwand und bei minimaler Pflege in ein pflanzenreiches Refugium verwandelt werden. Das Spektrum reicht von einem Garten direkt an einer der Hauptverkehrsachsen in der Nähe von Düsseldorf bis hin zu den ökologisch ausgerichteten, wiesenartigen Pflanzkonzepten des Barbican in London – überall entstehen diese zauberhaften, grünen Stadtoasen, schaffen Wildtierkorridore und ein grünes urbanes Netzwerk, das hoffentlich weiter an Kraft gewinnen wird.

PETER JANKE

HORTVS

HILDEN, DEUTSCHLAND

»DIE QUALITÄT EINES GARTENS WIRD NICHT DURCH DIE ANZAHL DER BLUMEN BESTIMMT. WIR BRAUCHEN SIE, ABER GRELLE, FARBSCHREIENDE BLUMENRABATTEN ERGEBEN HEUTE KEINEN SINN MEHR.«

PETER JANKE

Wäre da nicht das leise Geräusch des Verkehrs in Peter Jankes Garten, man könnte meinen, man befände sich mitten im Nirgendwo. Dieser faszinierende Garten liegt nur wenige Meter entfernt von einer stark befahrenen Ringstraße bei Hilden, in der Nähe von Düsseldorf. Das knapp eineinhalb Hektar große Anwesen wurde in den vergangenen 20 Jahren rund um Jankes Zuhause angelegt – ein kleines Fachwerkhaus aus dem 19. Jahrhundert, gebaut als Feriensitz von einem wohlhabenden Düsseldorfer Industriellen. Als gefragter Gartengestalter und Pflanzenkenner betreibt Janke hier mit seinem Mann Michael Frinke auch eine kleine Staudengärtnerei mit einem exklusiven Sortiment sowie ein Blumengeschäft und öffnet seinen Garten für Besucherinnen und Besucher. Hat man erst das Tor hinter sich gelassen, vergisst man schnell die überfüllten Straßen und den Verkehr, während man hineintaucht in die unterschiedlichen Gartenbereiche und ihre kontrastreichen, eigenwilligen Pflanzkonzepte.

Peter Janke wurde in eine Gärtnerfamilie hineingeboren. Sein Urgroßvater gründete den Familienbetrieb, und seine Großmutter, die ihn in seiner Kindheit stark prägte, war eine bekannte Züchterin von Alpenveilchen (*Cyclamen*). »Mein Vater zeigte mir als Kind das kleine einheimische Wilde Stiefmütterchen (*Viola tricolor*) unter den üppigen Pfingstrosen«, erzählt er. »Er öffnete mir sehr früh die Augen für den Reichtum der Natur.« In der Schule belegte Janke Biologie und Kunst als Leistungskurse, und sein künstlerischer Blick ist im Garten deutlich zu erkennen, wo er eine hochentwickelte Gestaltung mit ungewöhnlichen Pflanzen verbindet. »Ich bin ein Sammler«, gibt er zu. »Ich suche ständig Pflanzen aus aller Welt, um sie hier im Garten auszuprobieren.«

Nachdem er nach dem Schulabschluss eine gärtnerische Ausbildung begonnen hatte, musste Janke in den Familienbetrieb zurückkehren, als beide Eltern erkrankten, und er führte das Unternehmen fast ein Jahrzehnt lang. Dann, im Jahr 2005, beschloss er, sein Wissen über naturnahe Pflanzung zu vertiefen, und bewarb sich für verschiedene Praktika in Großbritannien. »Ich hatte eine Liste mit zehn Top-Adressen, auf der Beth Chatto Gardens an erster Stelle stand«, erinnert er sich. Nachdem er von dort keine Rückmeldung erhalten hatte, nahm er eine Stelle in Wisley Garden an, doch kurz bevor er dort beginnen sollte, erhielt er einen Anruf von Chattos Assistentin. »Sie wollten, dass ich für eine Woche zum Probearbeiten komme, und schließlich blieb ich ein Jahr«, erzählt er. »Es war die beste Entscheidung meines Lebens.« Er fühlte sich dort vollkommen zu Hause, lernte aus erster Hand seiner Mentorin und sog so viel Wissen auf wie möglich. Beth Chattos Mantra »Right Plant, Right Place – die richtige Pflanze am richtigen Ort« ist bis heute die Grundlage all seines Tuns – besonders jetzt, da er einen Garten mit vielen unterschiedlichen Bereichen und Mikroklimaten hat, in denen er seiner Leidenschaft für verschiedenste Pflanzen nachgehen kann. »Ich glaube, wir haben derzeit über 4 500 Pflanzenarten- und -sorten in diesem Garten«, gesteht Janke. »Biodiversität ist der Schlüssel zur Zukunft des Gärtnerns. Wenn man nicht weiß, welche Wetterbedingungen von einem Jahr zum nächsten herrschen, ist es besonders wichtig, Pflanzen zu nutzen, die ökologisch passend sind – und dazu gehören auch nichtheimische Pflanzen. Der Begriff »heimisch« ist dabei durchaus schwammig – wie lange muss eine Pflanze an einem Ort wachsen, um heimisch zu sein? Hundert Jahre? Tausend Jahre? Es ist in gewisser Weise eine

unsinnige Diskussion. Pflanzen folgen den sich verändernden Lebensräumen und Klimabedingungen; wenn die Temperaturen steigen, verändert sich die Flora, rücken neue und andere Arten nach.«

In seinem eigenen Garten wachsen heimische Schwertlilien, Fingerhüte und Disteln Seite an Seite mit weit exotischerem Arten – von dem prachtvoll beblätterten Reispapierbaum (*Tetrapanax papyrifer*) bis zum hoch aufragenden immergrünen Chinaschilf (*Miscanthus transmorrisonensis*), beide ursprünglich in Taiwan beheimatet. Da es außerhalb der Gartenbegrenzung keine natürliche Landschaft gibt, auf die er zurückgreifen konnte, war es Janke möglich, seiner Fantasie freien Lauf lassen und in verschiedenen Bereichen kleine Natur-Mikrokosmen schaffen. Beim Rundgang durch den Garten beginnt man zu verstehen, dass naturalistische Pflanzungen viel mehr sind als nur die eine europäische wiesenartige Flora, mit der der Begriff oft assoziiert wird. Die Flora Südamerikas beispielsweise ist voll von leuchtend blühenden, großblättrigen Pflanzen, die in freier Natur ebenso »natürlich« sind. »Ich verwende exotische Pflanzen wie Aucuben, Bambus und chinesische Mahonien, aber ich pflanze sie auf natürliche Weise«, erklärt Janke. »Sie bringen eine bestimmte Atmosphäre in den Garten.« Die meisten der exotischen Pflanzen wachsen im Waldgarten im hinteren Gartenbereich, wo ein verlockender Pfad durch eine Unterpflanzung aus Farnen und Japan-Waldgras (*Hakonechloa macra* 'All Gold') mäandert, flankiert von skulpturalen Bäumen und transparent geschnittenen Sträuchern, die einen immer wieder Innehalten lassen. Janke zeigt auf zwei Großblättrige Magnolie (*Magnolia macrophylla*) mit riesigen Blättern. Sie wurden aus Samen gezogen, die ihm 2010 ein befreundeter Botaniker geschickt hatte und blühten 2023 zum ersten Mal. Es ist unerlässlich, langsam durch diesen außergewöhnlichen Dschungel zu gehen, den Blick sowohl nach oben durch das Blätterdach als auch nach unten zu den Füßen zu richten, wo Schönheiten wie Scheinbrennnesseln (*Boehmeria sieboldiana* und *B. platanifolia*) entlang des Weges wachsen.

Als Kontrast zum Waldgarten ist der Hauptteil des Gartens formaler gestaltet, doch die Bepflanzung bewahrt sich dennoch einen naturalistischen Charakter, um zu den strukturellen Elementen einen Gegenpol zu schaffen. Hecken aus Eiben und Rot-Buchen – teils schnurgerade, teils geschwungen – bilden das Gerüst dieses Gartens, mit einer Reihe säulenförmiger Mittelmeer-Zypressen, die den Blick entlang der zentralen Achse führen. Der Silbergarten ist ein leichter Hügel, umgeben von einem Ring aus in die Höhe gezogenen Kopfweiden, und eingefasst von einem breiten Band aus Cortenstahl. Die Form spiegelt sich auf der anderen Seite des Mittelwegs in einer runden Wiesenfläche und dem kreisförmigen Winterpflanzen-Rondell.

Um den formalen Bereichen entgegenzuwirken, besitzen andere Teile des Gartens einen organischeren Charakter. Der Kiesgarten (inspiriert von Beth Chattos legendärem Gravel Garden) wurde mit Hügeln und Wällen aus Sand modelliert, auf denen trockenheitsverträgliche Pflanzen in wogenden Massen wachsen und sich in die Wegränder aussäen. Kontraste in Form und Gestalt sind hier ebenso wichtig wie im Waldgarten, mit stacheligen Agaven und Edeldisteln (*Eryngium*), die wolkenartigen Gräsern gegenübergestellt sind – »wie eine idealisierte Steppenpflanzung«, erklärt der Pflanzenkünstler. Auf der anderen Seite des Mittelwegs setzt sich der »Trockengarten« als Garrigue-

pflanzung auf Sand fort, wo verschiedene Ericen, Callunen, Salvien, Wolfsmilcharten und andere mediterrane Pflanzen vor einer Reihe von kuppelförmigen Eiben stehen, überragt von einem wunderbaren explodierenden Heiligenschein aus Chinaschilf, dessen Blütenstände dramatisch auffächern. Hier kultiviert Janke auch seine wachsende Sammlung von Heidepflanzen – ein Verweis auf die längst verschwundene Heidelandschaft einer vergangenen Zeit, bevor sich die Vorstadtsiedlungen ausbreiteten. Im gut drainierten Sand kann er winternässeempfindliche Pflanzen kultivieren und durch den Winter bringen, darunter Strauchigen Tororaro (*Muehlenbeckia astonii*) und Italienisches Brandkraut (*Phlomis italica*) – und damit die Grenzen des Möglichen ausweiten und die Biodiversität erhöhen.

Dank der vielen unterschiedlichen Bodentypen und Bereiche des Gartens gedeihen auch eine Vielzahl feuchtigkeitsliebender Pflanzen. »Vor Tausenden von Jahren floss der Rhein durch dieses Gebiet, wodurch sowohl sandige als auch tonige Böden entstanden sind«, erläutert Janke die faszinierende Vielschichtigkeit der Bodenverhältnisse im Hortvs. Vor der Anlage ergaben Bodenuntersuchungen, dass sich auch in den sandigeren Bereichen in einer Tiefe von sechs bis sieben Metern Grundwasserschichten befinden. »Das bedeutet, dass wir hier die feuchtigkeitsliebenden Weiden pflanzen können, da sie ihre Wurzeln tief genug hinunterstrecken, um das Wasser zu erreichen«, erklärt er.

Peter Jankes Philosophie ist es, Gärten zu schaffen, die in jedem Monat des Jahres etwas Interessantes bieten. Ungewöhnliche Strukturen, markante Blattformen, formgeschnittene Immergrüne und Wintertriebe sorgen dafür, dass dieser Garten – wie die Gärten, die er für seine Kundinnen und Kunden gestaltet – im Winter ebenso aufmerksamkeitsstark sind wie zu jeder anderen Jahreszeit. Samenstände und Gräser bleiben so lange wie möglich stehen und werden erst im März zurückgeschnitten, während Helleborus und Frühlingszwiebeln schon sehr früh im Jahr erscheinen. Janke entwickelt gelayerte Pflanzschemata, die frühe Zwiebelblumen und Waldstauden beinhalten, gefolgt von fast tropisch wirkenden Exoten wie Tetrapanax und Zieringwer, die innerhalb weniger Monate das Erscheinungsbild und die Atmosphäre der Pflanzungen und des Gartens völlig verändern. Das Ergebnis ist ein äußerst nuanciertes gärtnerisches Meisterwerk mit einer unglaublichen Fülle und Vielfalt faszinierender Pflanzen, die zu jeder Jahreszeit ihre Reize entfalten – in einer ausgewogenen Gestaltung, die stilvoll, zeitgenössisch und voller Spannung ist. Für Peter Janke ist es eine Lebensaufgabe, und er verbringt so viel praktische Zeit im Garten wie möglich.

»Jeder, der wirklich gärtnerisch tätig ist, weiß, was ich meine, wenn ich sage, dass es ein Geschenk ist, mit Pflanzen und der Natur arbeiten zu dürfen.«

Seite 136 / Die skulpturalen Äste der Kupfer-Felsenbirne (*Amelanchier lamarckii*) schaffen Struktur im Herbst und Winter, unterlegt von einer sanften Wolke weißer Prachtkerzen (*Oenothera lindheimeri*).

Seite 139 / Peter Janke am Eingang zum Waldgarten, in dem exotische Pflanzen Seite an Seite mit vertrauteren Sträuchern und Bäumen gedeihen.

Seiten 140–141 / Im Kiesgarten spielen kontrastierende Formen und Texturen eine entscheidende Rolle. Stachelige Agaven bilden Gegensätze zu weichen Gräsern und den halbtransparenten Wolken der Prachtkerzen. Die trockenheitsverträgliche Pflanzung ist kunstvoll gelayert, wobei aufrechte, säulenförmige Eiben vor Sträuchern wie dem Perückenstrauch (*Cotinus* 'Grace') hervorstechen.

Seite 142 / Ein Silber-Ahorn (*Acer saccharinum* f. *laciniatum* 'Wieri'), steht im Zentrum des kreisförmigen Wintergartens, in dem später im Jahr Schneeglöckchen und Alpenveilchen erscheinen. Janke hat seine besondere Liebe für Cyclamen von seiner Großmutter geerbt.

Seiten 144–145 / Ein Ring aus Kopfweiden (*Salix alba* 'Liempde') umgibt den Silbergarten mit seinen kontrastierender Formen – den Spitzen von *Yucca gloriosa*, einer geschnittenen Wintergrünen Ölweide (*Elaeagnus ebbingei*), dem federleichten Heiligenkraut (*Santolina pinnata* subsp. *neapolitana* 'Edward Bowles') sowie den Samenständen der Arkansas-Scheinaster (*Vernonia arkansana*), Elfenbeindistel (*Eryngium giganteum*), Schnitt-Knoblauch (*Allium tuberosum*) und Schlitzblatt-Karde (*Dipsacus laciniatus*).

Seite 147 / Im Wintergarten sorgen Hartriegel (*Cornus*) in verschiedenen Arten und Sorten mit farbigen Trieben für Struktur, wenn im Herbst die Blätter fallen.

Seiten 148–149 / Horizontale Äste einer Stiel-Eiche (*Quercus robur*), ragen über einen Weg durch den Waldgarten.

Seite 150 / Die Samenstände des Gelben Fingerhuts (*Digitalis lutea*) heben sich zwischen Prachtkerzen ab. Die Samenstände fast aller Stauden bleiben bis März stehen, dann werden sie zurückgeschnitten und das Schnittgut als Mulch verwendet.

Seite 151 / *Cotinus* 'Grace' bringt Farbe in den Herbstgarten, flankiert von *Thuja occidentalis* 'Brabant' und federndem Diamant-Reitras (*Calamagrostis brachytricha*).

Seiten 152–153 / Peter Jankes kunstvolle Pflanzung vereint eine fantastisch vielfältige Palette von Pflanzen. Das Chinaschilf (*Miscanthus transmorrisonensis*) bildet einen dramatischen Halo über geschnittenen Eibenhügeln im Heidegarten.

Seite 155 / Streng geschnittene Eibenhecken bilden einen Gegenpol zur weichen, naturalistischen Pflanzung.

ARTHUR PARKINSON

HUCKNALL GARDEN

NOTTINGHAMSHIRE, GROSSBRITANNIEN

»WIR KÖNNEN JEDEN ORT BESTMÖGLICH NUTZEN, INDEM WIR EINFACH ETWAS WACHSEN LASSEN – SELBST WENN ES NUR IN EINEM BALKONKASTEN IST. WIR TUN DAMIT GENAU DAS, WOZU DIE NATUR UNS BESTIMMT HAT.«

ARTHUR PARKINSON

Das Haus am Ortseingang von Hucknall in Nottinghamshire kann man unmöglich übersehen. Während andere Vorgärten Asphaltauffahrten, dröge Pflasterflächen und sterile Zäune zur Abgrenzung ihrer Grundstücke vorweisen, zeigt dieser Garten eine freudige Fülle von Margeriten, Mohnblumen und Stockrosen, die über die Gartenmauer lugen. Wenn man in den hinteren Garten geht – ein klassischer langer, schmaler Stadtgarten von 45 Meter Länge –, taucht man ein in eine Wildnis en Miniature, in der eine Truppe lustiger Bantam-Hühner glücklich durchs hohe Gras streift und unter den Weißdornhecken scharrt, die den Garten zu beiden Seiten einfassen. Dies ist das Haus, in dem Arthur Parkinsons Großmutter Min ihr ganzes Leben verbracht hat. Heute gehört es Arthurs Vater Nick und dessen Partnerin Caroline. Als Kind wohnte Arthur gleich um die Ecke in einem kleinen Cottage mit einem winzigen Vorgarten. Schon allein deshalb verbrachte er viele Stunden im Garten seiner Großmutter – träumend, spielend und bei der Gartenarbeit helfend. »Der Garten kam mir damals sehr groß vor. Er war unglaublich gepflegt. Meine Großmutter war ein Kriegskind und der Garten wurde intensiv als Nutzgarten genutzt, voller Gemüse und Blumen. Es gab immer ein riesiges Beet voller Lauch, das uns durch den Winter brachte.«

Schon sehr früh interessierte sich Arthur Parkinson für Hühner und schrieb berühmt-berüchtigte Briefe an die Duchess of Devonshire über deren Geflügel. Schließlich erlaubten ihm die Eltern, eigene Hühner halten – ganz oben im Garten der Großmutter, in einem traditionellen Hühnerstall, den sein Vater gebaut hatte. »Die ersten Hennen waren Legehennen, und sie versuchten verzweifelt in den Blumen- und Gemüsegarten zu gelangen. Das ärgerte meine Großmutter, denn natürlich wollte sie ihre zarten Brokkolisetzlinge nicht von diesen dinosaurierartigen Federtieren zerstört sehen. Das brachte mich dazu, mich mehr für Pflanzen zu interessieren, die den Hühnern widerstehen konnten, und dafür, wie man Geflügel und einen Nutzgarten harmonisch miteinander verbinden kann. Ich möchte sie nicht ständig einsperren. Für mich geht es darum, dass sie sich frei im Garten bewegen können. Hühner bringen einen Garten wirklich zum Leben.« Heute darf seine Schar federbeiniger Bantams – wesentlich sanfter zum Garten – im hohen Gras frei herumlaufen. Die Einstreu aus Stroh aus dem Hühnerstall ergibt eine stickstoffreiche Ergänzung für den Kompost, und die Hühner fressen Schnecken, Blattläuse, Raupen und andere Schädlinge. Allerdings sollte man im Hinterkopf behalten, dass sie – wenn sie Zugang zum gesamten Garten haben – auch nützliche Insekten und Regenwürmer fressen und durchaus Schaden an Keimlingen und austreibenden Stauden anrichten können. Zu bestimmten Jahreszeiten muss ihr Aktionsradius also beschränkt werden. Wie in jedem anderen Ökosystem geht es darum, alles in einem gewissen Gleichgewicht zu halten.

Nach den prägenden Kindheitserlebnissen im Garten der Großmutter war es nur logisch, dass Parkinson Gartenbauwissenschaften studierte. Da er die Schule nur mit mittelmäßigen Noten abgeschlossen hatte, begann er zunächst mit einem RHS Level II Certificate in Horticulture und wollte danach Zoologie studieren – er schon immer ein Faible für exotische Vögel hatte. Leider – oder zum Glück – wurde er nicht zugelassen und bewarb er sich für eine Ausbildungsstelle in den Royal Botanic Gardens, Kew. »Ich hätte nie im Leben gedacht, dass ich aufgenommen

DRUMMOND

werde, aber später erfuhr ich, dass ich deshalb zum Vorstellungsgespräch eingeladen wurde, weil ich der Einzige gewesen war, der Blumen auf den Umschlag seiner Bewerbung gemalt hatte!« Während der Ausbildung in Kew entschied er sich für die Abteilung der Staudenbeete, wo er eine strenge Ausbildung in der Kunst der Pflanzenvermehrung erhielt. »Es war ein intensives Jahr, weil ich tagsüber Vollzeit im Garten von Kew arbeitete und abends Kurse belegen musste. Obendrein wurden wir mit einem Hungerlohn bezahlt.« Eines der Themen, für die sich Parkinson heute mit großer Leidenschaft engagiert, ist die Tatsache, dass Gärtnerinnen und Gärtner in der Gartenbaubranche nicht hoch genug schätzt werden. »Gärtnern ist ein Beruf, der enorme körperliche, geistige und kreative Fähigkeiten verlangt, der aber oft von Auftraggebern nicht respektiert wird«, sagt er.

Eine von Parkinsons ersten Tätigkeiten in der Branche war für Emma Bridgewater in Stoke-on-Trent, wo er einen Schnittblumen- und Cottagegarten anlegte. Auf Grundlage dieser Arbeit erhielt er 2018 seinen ersten Buchvertrag für *The Pottery Gardener,* gefolgt von weiteren Büchern, darunter *The Flower Yard* (2021). Außerdem arbeitet er mit Sarah Raven zusammen und gibt gemeinsam mit ihr Kurse in ihrem Garten in Perch Hill in Sussex. Zusammen starteten sie den erfolgreichen Podcast *Grow, Cook, Eat, Arrange,* aus dem sich Arthur allerdings nach einem Zusammenbruch zurückziehen musste. Er spricht offen über seine psychischen Probleme. »Ich kenne viele Gärtner und Autoren, die an psychischen Erkrankungen leiden. Ich glaube, das befeuert die Leidenschaft und Energie, aber manchmal überwältigt es einen einfach, und dann muss man im Bett bleiben.« Heute, Anfang dreißig, lebt er mit seinem Partner, dem Innenarchitekten James Mackie, in Gloucestershire. Neben dem Anbau von Blumen in Töpfen im Hof ihres Cottages pachtet er ein kleines Stück Land auf einem Bauernhof, auf dem er Dahlien anbaut und Hühner hält. Er gibt zu, dass er sich in letzter Zeit ein wenig von der Gartenarbeit entfremdet hat und lieber einen entspannteren Ansatz verfolgt, statt sich zu sorgen, ob alles perfekt und fototauglich aussieht.

Der Garten seiner Großmutter ist der ideale Gegenpol hierfür. Als sie älter wurde und weniger gärtnern konnte, half Parkinson ihr, einige der Gemüse-, Blumen- und Kräuterbeete im hinteren Garten in Wildblumenflächen umzuwandeln. »Sie sagte immer: ›Das ist jetzt für die Tiere‹«, erzählt er. Er säte eine einjährige Wildblumenmischung rund um die bestehenden Kräuter- und Blumenbeete, die nun ineinanderwachsen und sich verbinden – eine einfache, pflegeleichte Lösung, die ihnen nicht nur von Haus aus einen blütenreichen Blick bescherte, sondern auch unzählige Tiere anlockte. Zuerst erscheinen die Fingerhüte, gefolgt von Margeriten, Kornblumen und Mohn, die sich nun durch die Kräuter- und Blumenbeete weben. Robuste Stauden wie Lupinen, Montbretien und Stockrosen heißen ihre neuen Nachbarn willkommen und verlängern die Blühsaison in der Wiese. »Die Mischung aus Stauden und Zwiebelblumen mit einjährigen Wildblumen ergibt das wunderbarste Beatrix-Potter-Durcheinander«, in Anspielung an die legendäre Kinderbuchautorin und Illustratorin, erzählt er. »Es ist mir egal, ob etwas heimisch oder nicht heimisch ist, solange es von Insekten oder anderen Tieren besucht und genutzt wird. Obstgärten, Insekten, Vögel, Gemüse und Kräuter, eine Wiese und Hühner – das ist für mich das, was ich mir von einem Garten wünsche.«

Der Garten der Großmutter brummte schon immer vor Bienen und Schmetterlingen, mit seiner vielfältigen, artenreichen Mischung aus Gemüse, Blumen und Obst, und heute ist er noch lebendiger. »Eine kleine Wiese ersetzt etwas von dem, was wir verloren haben – fast 98 Prozent unserer Wildblumenwiesen in diesem Land«, sagt er. »Wenn es in jedem Garten eine solche Fläche gäbe, würde sich das zu einer erstaunlichen Landkarte mit Lebensräumen für Insekten aufsummieren. Jede Wiese ist ein Insektenmagnet, sie duftet, sie lebt – ganz im Gegensatz zu einem Rasen. Ein Rasen verlangt ständige Pflege. Diese Wiese macht einfach ihr Ding, wirkt lebendig und wunderschön.«

Parkinson erinnert sich an die Arbeitsweise seiner Großmutter im Garten und daran, wie sparsam sie und ihre Gartenfreundinnen waren. Es wurde viel getauscht: Samen und Stecklinge, Pflanzen wurden geteilt, um sie weiterzugeben, und dazu kam der schelmische Nervenkitzel, auf Ausflügen in andere Gärten heimlich Stecklinge zu schneiden oder Samenstände mitzunehmen. »Auch wenn diese Generation mehr Chemie im Garten einsetzte, gärtnerte sie nachhaltiger, indem sie viel mehr recycelte und mit dem auskam, was sie hatte«, sagt Parkinson. »Sie nutzte alte Eisstiele als Pflanzschilder, und ich erinnere mich sogar, wie meine Großmutter die Tücher flickte, die sie über den Brokkoli legte, um ihn vor Ringeltauben zu schützen.«

Während der Pandemie kehrte Arthur Parkinson nach Hucknall zurück, um wieder ganz bei seiner Großmutter zu leben, die inzwischen in ihren Neunzigern war und unter Demenz litt. Sie hatten eine wunderbare Zeit miteinander, während der Garten in eine neue, wilde Phase überging. Sie starb 2021, aber der Garten lebt in ihr weiter. »Christopher Lloyd meinte einmal, dass ein Garten im Jahr nach dem Tod des Gärtners am schönsten ist, und das stimmt sehr«, erinnert er sich. »Ich glaube, wenn Gärten sich in dieser merkwürdigen Phase eines neuen Besitzes befinden, entwickeln sie eine eigene Schönheit. Deshalb wirkt er so wild und frei.« Seitdem wurde ein weiteres Stück Rasen geopfert und die Wiese bis vor das Haus ausgedehnt. Die Einfahrt musste ohnehin aufgebrochen werden, also wurde der Unterboden auf den Rasen gebracht und eine Wildblumenmischung direkt hinein gesät. »Die Margeriten sind Rabauken, sie haben alles übernommen – aber das macht nichts«, sagt Arthur. »Es gibt dort auch Kornblumen, ebenso wie Dost und Herbstastern.«

Der Garten von Arthur Parkinson zeigt, was jeder tun könnte, wenn wir uns entschließen würden, etwas zur Wiederherstellung der Umwelt beizutragen. Selbst in einem urbanen Umfeld können wir die Natur zurückbringen – indem wir uns ein Beispiel an Parkinson nehmen und ein paar Quadratmeter Wiese anlegen oder nur einen großen Topf mit Blumen für Bestäuber bepflanzen. Das Entsiegeln von asphaltierten oder gepflasterten Flächen zugunsten neuer Beete geht noch einen Schritt weiter. »Die Realität ist, dass wir einen Rückgang der Natur erleben, wie wir ihn auf der Erde noch nie gesehen haben. Gleichzeitig verschärft sich die psychische Gesundheitskrise, und der Kontakt zur Natur kann oft helfen. Ich sitze hier und beobachte das Leben, das einzieht. Heckenbraunellen und Amseln leben in den Hecken. Ich sehe Stieglitze auf den Samenständen der Kornblumen landen, und ich liebe es, den Bienen beim Bestäuben der Blüten zuzusehen. Wir haben diesen Garten als Ort für die Natur gewählt.«

Seite 156 / Arthur Parkinson mit einem seiner Bantams im Garten in Hucknall, der seinem Vater und seiner verstorbenen Großmutter gehörte.

Seite 159 / Einst eine einfache Rasenfläche, quillt der Vorgarten heute über vor Margeriten und Klatsch-Mohn, was die Biodiversität erhöht und unzählige Tiere in den Garten lockt.

Seiten 160–161 / Seit seiner Kindheit hält Parkinson in diesem Garten Hühner, die heute im hohen Gras der Wiesen nach Nahrung suchen.

Seite 162 / Robuste Stauden wie Lupinen, Gilbweiderich und Dost wurden in die Wiese gesetzt, um die einjährigen Wildblumen zu ergänzen.

Seiten 164–165 / Arthur Parkinson im hinteren Garten, umgeben von Wolken aus Margeriten, violett blühendem Dost und Wiesen-Flockenblumen. Der Lorbeer vor der Hecke stammt noch aus dem ursprünglichen Kräutergarten.

Seite 167 / Eine dunkelrote Mohnblüte ragt über eine Masse von Margeriten hinaus.

Seite 168 / Moschus-Malven in der Wiese. Die Mischung der Blüten variiert von Jahr zu Jahr, da die einjährigen Arten kommen und gehen.

Seite 169 / Arthur Parkinson im Gespräch mit seinen geliebten Bantams, darunter zwei gesprenkelte Millefleur Barbu d'Uccle-Hennen und eine Pekin-Bantam.

Seite 171 / Zwei Seidenhühner und ein Silver Millefleur Sablepoot in der Wiese, wo sie gerne im hohen Gras stöbern. Scharren gehört zum natürlichen Verhaltensrepertoire der Hühner. Dabei nehmen sie unterschiedlichstes Getier – von Schnecken und Würmern bis zu Insekten – auf.

NIGEL DUNNETT

BARBICAN ESTATE

LONDON, GROSSBRITANNIEN

»ICH HOFFE, DASS MEINE PFLANZKONZEPTE MENSCHEN FÜR EINE ANDERE SICHTWEISE SENSIBILISIEREN. WENN WIR DAS INTERESSE AN WIESEN UND LEBENSRÄUMEN FÜR WILDTIERE WECKEN KÖNNEN, ÖFFNET DAS EIN TOR IN EINE ANDERE WELT.«

NIGEL DUNNETT

Mitten im Herzen Londons gelegen, ist das Barbican Estate ein architektonisches Wahrzeichen. Entworfen in den 1950er-Jahren von den Architekten Chamberlin, Powell und Bon für ein 14 Hektar großes Areal, das im Zweiten Weltkrieg vollständig zerstört worden war, wurde es als urbaner Mikrokosmos konzipiert, mit Wohnblöcken, die um gemeinschaftlich genutzte Räume angeordnet sind. Inspiriert von Le Corbusiers Konzept der »vertikalen Gartenstadt«, wurde sie zu einem der bemerkenswertesten Beispiele des Brutalismus weltweit.

Der Begriff »Brutalismus« leitet sich vom französischen *béton brut* ab, einem architektonischen Ausdruck für Sichtbeton; im Barbican bezieht er sich auf die gestockte, gehämmerte Betonoberfläche der Fassaden. Vor diesem strengen, grauen Hintergrund waren und sind die Gartenbereiche ein wesentlicher Teil des Entwurfs – als Dachgärten über den Parkplätzen und der Versorgungs-Infrastruktur der Anlage angelegt. Über viele Jahre hinweg wurden diese Flächen für die Zeit typisch bepflanzt, mit Bäumen, Ziersträuchern, Rasenflächen und Wechselflor, der im Sommer eine Dauerbewässerung verlangte und ständiger Pflege bedurfte.

Mit wachsendem Bewusstsein für den Klimawandel war ein zukunftsorientierteres Konzept nötig. 2015 wurde der Ökologe und Pflanzplaner Nigel Dunnett beauftragt, die Pflanzungen im Barbican neu zu gestalten, sie nachhaltiger und ökologisch wertvoller zu machen. Sein Entwurf hat die Beech Gardens des Barbican in eine naturalistische Oase innerhalb dieser Betonlandschaft verwandelt – eine komplexe urbane Wiese, die Farbe und Tierwelt in diese innerstädtische Gemeinschaft bringt.

Nigel Dunnett ist Experte für Pflanzenverwendung und Pflanzengemeinschaften. Er studierte Botanik und Pflanzenwissenschaften und später Pflanzenökologie an der Universität Sheffield. Ein Schwerpunkt seiner Forschung waren Wiesen, und er wurde zu einem Spezialisten dafür, wiesenartige Pflanzungen in den urbanen Raum zu bringen. So entstanden die inzwischen bekannten Pictorial-Meadows-Saatmischungen, die in Sheffield auf brachliegenden Flächen inmitten von Wohnsiedlungen getestet wurden. »Damals wurde mir zum ersten Mal bewusst, welchen sozialen Nutzen diese Pflanzungen haben«, erklärt Dunnett. »Wir legten diese farbenfrohen Wiesen zwischen Hochhausblöcken an, und die Reaktionen waren überwältigend. Menschen fühlen sich magisch von solchen natürlichen Pflanzungen angezogen. Sie lösen etwas Besonderes in ihnen aus. Menschen, von denen wir nie erwartet hätten, dass sie sich für Blumen interessieren, pflückten oder fotografierten sie. Es war erstaunlich.« Gemeinsam mit seinem Kollegen Professor James Hitchmough sowie der Gartengestalterin Sarah Price entwarf Dunnett die Pflanzungen für den Olympiapark 2012. Die farbenprächtigen, großflächigen ornamentalen Wiesen der 250 Hektar großen Anlage erregten eine enorme Aufmerksamkeit und erhielten überwältigende positive Resonanzen in der Öffentlichkeit. Doch Puristen kritisierten auch: Viele der verwendeten Pflanzenarten stammten aus aller Welt und seien »ungeeignet« für natürliche Wiesen. »Wir arbeiten mit Pflanzen, die zum Mikroklima und Boden des Standorts passen – egal, ob sie heimisch oder nicht heimisch sind«, sagt Dunnett. »Das Ziel ist es, größtmögliche Vielfalt zu erreichen – mit Pflanzen jedweder Herkunft. Die Hauptsache ist, dass sie für den Standort geeignet sind.«

Schon in jungen Jahren experimentierte er mit solchen »komponierten Pflanzengemeinschaften« aus nicht heimischen Pflanzen. Als Jugendlicher, dem ein Teil des elterlichen Gartens überlassen worden war, faszinierte ihn die Dynamik bewirtschafteter Wälder in seiner Heimat Kent, etwa das verstärkte Aufkommen krautiger Pflanzen nach dem Rückschnitt von Haselsträuchern und Edelkastanien. Zuhause legte er seinen eigenen »Coppicing«-Bereich an, unterpflanzte Haseln mit einheimischen Arten wie Schlüsselblumen und Wiesen-Kerbel, aber auch mit nicht heimischen Pflanzen wie Akeleien, Polyantha-Primeln und Silberblatt, die unter ähnlichen Bedingungen gedeihen. In seinem Buch *Naturalistische Gartengestaltung* schreibt er: »Ohne es zu wissen, begann ich einen Weg, dem ich bis heute folge: das Erschaffen designter Pflanzengemeinschaften; das Mischen von heimischen und nicht heimischen Pflanzen, die an die gleichen ökologischen Bedingungen angepasst sind, um die visuelle Wirkung zu maximieren; das Arbeiten mit verschiedenen Schichten (Layern), um das Erscheinungsbild der Pflanzung über einen möglichst langen Zeitraum hinweg attraktiv zu halten; und das Arbeiten mit dynamischen, sich ständig verändernden Systemen.« Auch das Erscheinungsbild seiner Pflanzplanung orientiert sich stark daran, wie Pflanzen sich in der Natur anordnen. Statt in großen Blöcken oder Driften pflanzt Dunnett nach dem Mischpflanzungsprinzip einzeln oder in kleinen Gruppen für einen verstreuten, natürlicheren Effekt. Im Barbican demonstrieren seine »Steppenpflanzungen« die nachhaltigen Vorteile solcher hoch angepassten Pflanzengemeinschaften – und sie beweisen, dass Vielfalt gerade auch in nährstoffarmen Substraten möglich ist. Die Pflanzflächen bestehen vollständig aus eingebrachtem Substrat – einer Mischung aus zermahlenem Ziegel und Gestein mit einem geringen Anteil organischen Materials (Kompost). Die Schichthöhe beträgt nur 10 bis 30 Zentimeter. »Im Hochsommer fühlt es sich dort an wie in Südeuropa«, erzählt der Planer. »Extrem trocken, heiß und exponiert – deshalb haben wir Pflanzen gewählt, die an diese Bedingungen sowie an nährstoffarme Böden angepasst sind. So können wir vielfältigere Pflanzungen realisieren, denn wenn das Substrat nährstoffreicher wäre, würden die Pflanzen zu groß werden. Sie stammen aus verschiedenen Regionen, aber sie haben ähnliche Anpassungen und harmonieren ästhetisch.« So enthält das Schema beispielsweise Gräser aus Mitteleuropa, mediterrane Euphorbien und nordamerikanische Astern – alles Pflanzen aus Steppenregionen weltweit, mit heißen Sommern, kalten Wintern und sommertrockenen Böden.

Das Konzept sah vor, kontinuierliche »Farbwellen« zu schaffen – fast das ganze Jahr über etwas in Blüte zu haben statt nur gelegentlicher großer Effekte. Die Pflanzung ist in drei Bereiche gegliedert, die unterschiedlichen Standortbedingungen entsprechen. Die »Main Steppe« in voller Sonne bedeckt die größte Fläche; die »Shrub Steppe« kombiniert ähnliche Pflanzen mit mehrstämmigen Sträuchern; die »Light Woodland«-Bereiche sind für halbschattige Standorte mit kleinen Bäumen gestaltet, die eine lichte Kronenschicht mit einer verstreuten Unterpflanzung aus Sträuchern und Stauden bilden. In der sonnigen Hauptfläche erscheinen im Laufe der Saison immer neue Layer von Blüten in der Matrix aus immergrünen Sträuchern und Gräsern wie Nest-Blaugras (*Sesleria nitida*) und Blaustrahl-Wiesenhafer (*Helictotrichon sempervirens*).

Diese Matrix besteht jeweils nur aus zwei oder drei Schlüsselarten, die über die gesamte Fläche wiederholt werden, um Kohärenz und Dramatik zu erzeugen. In seinem Buch beschreibt Dunnett über seine »Dreier-Regel«, die dem Prinzip wilder Pflanzengemeinschaften entspricht: »Viele glauben, dass ökologisch inspirierte, naturalistische Pflanzungen viele verschiedene Arten enthalten müssen [...] Vielfalt ist natürlich wichtig [...] Aber der Wunsch nach Vielfalt kann ästhetisch nach hinten losgehen, wenn zu viele Pflanzen verwendet werden und ein fleckiges Durcheinander entsteht.« Sein Ansatz: Wenn man die Anzahl der visuell stärksten Arten reduziert, kann man dennoch viele weniger dominante Arten zwischen diesen Leitpflanzen verweben, und die Biodiversität insgesamt zu erhöhen.

Wann immer man die Beech Gardens besucht (oder aus einer Wohnung im Barbican auf sie hinabblickt), gibt es etwas zu entdecken. Im Frühling setzen die limonengrünen Blüten der Palisaden-Wolfsmilch (*Euphorbia wulfenii*) Akzente gegen die cremeweiße Blüte der eleganten Felsenbirnen, während weiß-gelbe und karmesinrote Wildtulpen (*Tulipa turkestanica* und *T. praestans*) punktuell zwischen den *Sesleria*-Gräsern erscheinen. Im späten Frühling und Frühsommer übernehmen verschiedene Zierlauche (*Allium* in Sorten), gemeinsam mit violettem Steppen-Salbei (*Salvia nemorosa* 'Caradonna') und blassgelb blühendem Brandkraut (*Phlomis russeliana*). Im Hochsommer bringen Fackellilien (*Kniphofia* 'Tawny King'), Gold-Garbe (*Achillea* 'Terracotta') und das kräftige Karmesinrot der Brennenden Liebe (*Silene chalcedonica*) Energie in die Pflanzung, während im Spätsommer ein verwaschener, zarter Schleier aus Samenständen und lavendelblau blühenden Perovskien (*Salvia yangii*) alles überzieht. Im Herbst stehen Bäume und Sträucher im Mittelpunkt – die Felsenbirnen färben sich leuchtend orange und kontrastieren mit den eleganten Halmen des Chinaschilfs (*Miscanthus sinensis* 'Undine') und den weißen Blüten der Herbst-Anemone (*Anemone* × *hybrida* 'Honorine Jobert'), die sich in der Pflanzung dynamisch ausgebreitet hat. All diese Pflanzen sind in britischen Gärten weit verbreitet – ein Punkt, den Dunnett besonders betont: »Ich möchte, dass sich diese Art der Pflanzung viel mehr verbreitet, und dafür müssen alle verwendeten Pflanzen leicht erhältlich sind. Sie sind auch deshalb so beliebt und werden häufig verwendet, weil sie einfach zu kultivieren sind.« Die Steppenpflanzungen benötigen weit weniger Pflege als die vorherige Bepflanzung: Der Wasserverbrauch ist um stolze 70 Prozent geringer als bei den früheren Pflanzungen. Eine ehrenamtliche Gruppe von etwa 20 Anwohnerinnen und Anwohnern arbeitet wöchentlich mit dem Gartenteam, um Routinearbeiten zu übernehmen – ein Engagement, das in solchen Gemeinschaftsbereichen immer seltener vorkommt und, davon ist Dunnett überzeugt, direkt auf die farbenfrohe Natur der Pflanzung zurückzuführen ist – und weil sich die Bewohner des Barbican deshalb mit ihr identifizieren.

Die Gärten es Barbican sind ein Beispiel dafür, wie vielfältige und attraktive Pflanzkonzepte auch an schwierigen Standorten (fast) ohne Bewässerung funktionieren können. »Das Wichtigste ist, die Bedingungen zu verstehen und mit ihnen zu arbeiten, statt zu versuchen, sie zu manipulieren, nur um die Pflanzen kultivieren zu können, die man gerne hätte«, erklärt Dunnett. »Mein Ziel war es, etwas zu schaffen, das relativ einfach zu pflegen ist und schön ist und ökologische Vorteile bietet. Ich hoffe, die Gärten des Barbicans sind ein Beispiel, dem andere folgen können.«

Barbican
Centre

Bunyan Court

»MENSCHEN FÜHLEN
SICH MAGISCH VON
FARBENFROHEN,
NATURALISTISCHEN
PFLANZUNGEN
ANGEZOGEN.
SIE LÖSEN ETWAS
GANZ BESONDERES
IN IHNEN AUS.«

NIGEL DUNNETT

Seite 172 / In der Light-Woodland-Zone der Beech Gardens ist eine mehrstämmige Kupfer-Felsenbirne (*Amelanchier lamarckii*) mit Herbst-Kopfgras (*Sesleria autumnalis*) und anderen Waldpflanzen unterpflanzt, die im lichten Halbschatten gedeihen.

Seite 175 / Die brutalistische Architektur der Gebäude bildet den Hintergrund für das neue, nachhaltige Pflanzkonzept.

Seiten 176–177 / Die Steppenpflanzungen bestehen aus einer Matrix von Gräsern, darunter *Sesleria nitida,* mit einer saisonalen Abfolge von Stauden, die an trockene, exponierte Standorte angepasst sind. Im Frühling dominieren Pflanzen wie der rosafarben blühende Pyrenäen-Reiherschnabel (*Erodium manescavii*) und die prächtige Mittelmeer-Wolfsmilch (*Euphorbia characias* subsp. *wulfenii*).

Seite 178 / Die Blüten von *Erodium manescavii* erscheinen im Frühling. Dieser trockenheitsverträgliche Reiherschnabel stammt, wie der deutsche Name vermuten lässt, aus den Pyrenäen.

Seiten 180–181 / Die Beech Gardens sind von Wohngebäuden umgeben. Der Garten selbst ist im Grunde eine Dachterrasse, die über einer darunter verlaufenden Straße angelegt wurde.

Seite 183 / Die Neuseeländische Schwertlilie (*Libertia formosa*) ist eine robuste, immergrüne Staude mit weißen Frühlingsblüten an drahtigen Stielen. Sie gedeiht in nährstoffarmen Böden in voller Sonne.

Seite 184 / Der Fingerstrauch (*Potentilla fruticosa* 'Abbotswood') ist eine widerstandsfähige Gebirgspflanze, die problemlos in mageren Böden und exponierten Lagen wächst.

Seite 185 / Die Gebäude des Barbicans bieten eine spektakuläre Kulisse für die Gärten und lenken das Spiel aus Licht und Schatten im Tagesverlauf.

Seiten 186–187 / Die Gehölzbereiche zeichnen sich durch kühle, grüne Pflanzungen unter mehrstämmigen Hänge-Birken (*Betula pendula*) und *Amelanchier lamarckii* aus. Im späten Frühling dominiert die Schneeweiße Hainsimse (*Luzula nivea*), die sich mit Farnen zu einer dichten Bodendecke verbindet. Später im Jahr treten weiße Japan-Anemonen in Erscheinung.

Seiten 188–189 / Ein Wasserbecken unter den monumentalen Pfeilern eines Gebäudes bringt ein weiteres Ökosystem in den Garten.

Seite 190 / Die Strand-Grasnelke (*Armeria maritima*) ist eine weitere robuste, trockenheitsverträgliche Pflanze, die Farbe in die Steppenpflanzungen bringt.

Seite 192 / Die grafische Architektur bildet den perfekten Gegenpol zur weichen Pflanzung.

Seite 193 / Trauben-Katzenminze (*Nepeta racemosa* 'Walker's Low') in den sonnigen Steppenpflanzungen.

Seite 195 / Der Steppenbereich im Frühjahr bei Sonnenaufgang.

Barbican
Centre

EMILY ERLAM

KING'S CROSS GARDEN

LONDON, GROSSBRITANNIEN

»GÄRTEN SIND WIE JUWELEN. SIE SIND DAZU DA, GEPFLEGT ZU WERDEN. SICH UM SIE ZU KÜMMERN, GEHÖRT ZU DEN GRÖSSTEN FREUDEN, DIE EIN GARTEN SCHENKEN KANN.«

EMILY ERLAM

Stadtgärten sind vielleicht kostbarer als jede andere Art von Garten. Diese urbanen Refugien sind Orte der Ruhe, an denen man sich mit der Natur verbinden und dem Lärm der Metropole entfliehen kann. Oft versteckt hinter Reihen viktorianischer Stadthäuser, liegt stets ein beglückender Moment des Entdeckens, wenn man einen dieser geheimen Räume betritt – besonders dann, wenn Pflanzen auf einfallsreiche Weise genutzt wurden, um Atmosphäre und Spannung zu erzeugen, wie im Londoner Garten der Designerin Emily Erlam. Über einen Zeitraum von 20 Jahren entstanden, zieht dieser bezaubernde Garten Besucherinnen und Besucher durch das Haus hindurch, sobald sich die Haustür hinter ihnen geschlossen hat, und ein Leuchten von Grün durch hohe Glasscheiben sichtbar wird. Wie so viele Londoner Gärten war auch dieser ein langes, schmales »Handtuch«, als Emily Erlam das Haus kaufte, und für sie war sofort klar, dass sie ihn in eine Abfolge von Gartenzimmern unterteilen musste. »Ich bin der Ansicht, dass lange, schmale Achsen durchbrochen werden müssen, und auch hier war es sinnvoll, verschiedene Bereiche zu schaffen und die Ebenen für jeden Raum zu verändern«, erzählt sie. Durch die bodentiefen Glastüren der Küche betreten ihre Gäste eine üppig grüne Oase. Von dort beginnt eine Entdeckungsreise über kleine Stufen, die in die unterschiedlichen Räume führen, jeder mit seinen eigenen Pflanzen und eigenen Charakter. Jedes Gartenzimmer besitzt einen eigenen Sitzplatz für verschiedene Tageszeiten. Direkt vor der Küche steht auf breiten Steinplatten ein Esstisch für sommerliche Abendessen. Eine Stufe weiter oben, unter den glamourösen Quasten der *Fuchsia* 'Hawkshead', befindet sich ein gemütliches Outdoor-Sofa mit Couchtisch im lichten Halbschatten. Noch weiter oben stehen zwei silbern verwitterte Holzstühle – von Emily selbst entworfen – geschützt durch die waagerechten Äste eines Kanadischen Judasbaums (*Cercis canadensis* 'Forest Pansy'), der Privatsphäre und eine klare Trennung zum vorigen Raum schafft.

Am hintersten Ende des Gartens erheben sich vier Meter hohe Mauern, die an die Seitenwand eines dreistöckigen Gebäudes grenzen, und schaffen einen absolut privaten Bereich, der von nirgendwo aus eingesehen werden kann. Die Rückseite des Hauses ist nach Norden ausgerichtet, daher erhält dieser Teil am meisten Sonne – der perfekte Ort für einen abgeschiedenen Sitzplatz mit einer Feuerstelle. »Es ist so wichtig, dass die lange Sichtachse in den Garten so gestaltet ist, dass man, wenn es einmal nicht regnet, wirklich unbedingt hinaufgehen möchte«, erklärt Erlam. Im Sommer, umgeben von einer rankenden Kletterrose 'Climbing Cécile Brünner' auf der einen Seite und einem Feigenbaum auf der anderen, kann man hier sitzen, die Augen schließen und sich in die Provence versetzt fühlen. Ein riesiger *Tetrapanax papyrifer* 'Rex' sorgt für eine exotische Atmosphäre, weitere ungewöhnliche Pflanzen wachsen in den sonnigen Kiesbeeten. »Ich möchte, dass sich dieser Bereich wie Urlaub anfühlt«, war ihre Inspiration. Auch wenn die Sonne nicht scheint, lässt sich der Garten von der Küche aus genießen; die Türen stehen oft offen, selbst wenn es regnet. »Ich fühle mich zu jeder Jahreszeit mit dem Garten verbunden«, sagt sie. »Es kann deine Stimmung völlig verändern, wenn man hier sitzt, den Garten betrachtet, über ihn nachdenkt, ihm zuhört.«

In all ihren Entwürfen strebt Emily Erlam ein Verhältnis von einem Drittel fester Gartenstrukturen wie Wegen, Pflasterflächen oder Stufen und zwei Dritteln Pflanzen an, da sie dem Ort keinen zu starken gestalterischen Stempel

aufdrücken möchte. »Mehr als alles andere haben wir Designer die Verantwortung, keine wertvollen Ressourcen zu verschwenden«, sagt sie. »Wir müssen weg von der Schnellbau-Mentalität Je mehr wir über die Langlebigkeit eines Gartens nachdenken, desto besser. Manchmal bedeutet das, Pflanzen und Materialien aus einem bestehenden Garten wiederzuverwenden – denn das verleiht einem neuen Garten sofort eine zeitlose, eingewachsene Atmosphäre.« Sie ist überzeugt, dass es die Pflanzen sind, die jedem Raum seinen ureigenen Charakter geben. Und für die Artenvielfalt sorgen, die in städtischen Gärten so wichtig ist.

»Für einen nachhaltigen Garten ist es wichtig zu verstehen, welche Pflanzen langfristig in Stadtgärten wachsen, die aufgrund der Gebäude ringsum oft zumindest halbschattig sind«, rät Erlam. »Man sollte bei der Pflanzplanung in verschiedenen Schichten denken, nicht in flachen Ebenen. Es kann widersprüchlich scheinen, Bäume und Sträucher zu pflanzen, da man glaubt, noch mehr Schatten zu erzeugen – doch erst diese Kronen schaffen das Gefühl von Geborgenheit.« Auch Wände und Grenzen werden zu gestalterischen Chancen: In ihrem eigenen Garten rankt eine Mischung aus Kletterpflanzen – von Chinesischem Sternjasmin (*Trachelospermum jasminoides*) am schattigsten Platz nahe dem Haus bis zu ihrer Lieblingsrose, der 'Eden Rose 85', an der Küchenwand.

Das Grundgerüst des Gartens bilden immergrüne Pflanzen, die Struktur geben und durch die hindurch sich saisonal Farbakzente schieben. »Londoner Gärten eignen sich hervorragend für viele strukturgebende Immergrüne, aber der Trick besteht darin, die Blattformen und Grüntöne zu variieren, um visuelle Spannung zu erzeugen«, erläutert die Planerin. »In kleinen Gärten muss jede Pflanze ihren Platz rechtfertigen. Ich verwende immergrüne Pflanzen wie Orangenblumen (*Choisya* × *dewitteana* 'Aztec Pearl') und Zimmeraralien (*Fatsia japonica*), die viel härter sind, als es ihr Name vermuten lässt, und unglaublich wertvoll, weil sie überall wachsen. Wenn Form und Struktur stimmen, kann man Räume schaffen, in denen andere Pflanzen hervortreten können – dort bringt man mehr Farbe und ein wenig Drama hinein: in ihrem Garten mit »Rockstars« wie Trichterschwertel (*Dierama*) und Steppenkerzen (*Eremurus*). Aber in einem Londoner Garten gibt es nur Platz für Rockstars. Wer einen wirklich pflegeleichten Garten will, dem reicht manchmal allein diese immergrüne Textur. Wer stärker gärtnerisch eingreifen möchte, kann dann mehr durch die Struktur hindurchziehen lassen.« In diesem Garten hat Erlam ein Mosaik immergrüner Sträucher geschaffen, feinblättrige *Choisya* (deren weiße Blüten sie nach dem Welken entfernt, um das Laub sauber zu halten) neben dunklen Hügeln in Form geschnittener Myrten (*Myrtus communis*) und glänzendem Klebsame (*Pittosporum tobira*) im Schatten beim Haus. Sonnenliebende Immergrüne wie die silbrige Kreta-Schwarznessel (*Pseudodictamnus mediterraneus*) und die exotisch anmutende Azoren-Wolfsmilch (*Euphorbia stygiana*) finden sich weiter oben in offeneren Bereichen. Größere Sträucher und kleine Bäume rahmen Blickachsen und bilden Laubtunnel, die den Übergang von Raum zu Raum intensivieren. Emily liebt es, Sträucher ihrem natürlichen Wuchs folgend zu schneiden – die Fuchsie 'Hawkshead' etwa wird aufgeastet, um den Blick durch die Zweige mit ihren zarten, hängenden Blüten zu öffnen, während eine wunderschöne zimtrindige Chilenische Myrte (*Luma apiculata*), locker in

Wolkenform geschnitten wurde. »Oft muss man eine Pflanze genau beobachten und ihr den Raum geben, um ihre eigene Form zu entwickeln«, sagt Emily Erlam. »Ich interessiere mich sehr für die Silhouetten und Anordnungen von Pflanzen – die Kunst, die man mit ihnen schaffen kann. Es ist wie das Gestalten einer dreidimensionalen Skulptur.«

Im gesamten Garten gliedern kleine Bäume mit ihren leichten, horizontalen Kronen den Raum. Entlang einer der Seitenwände steht eine Feige, deren knochenweißer Stamm sich vor dem roten Backstein abhebt. »Sie ist inzwischen so hoch, dass ich nicht mehr an die Feigen komme – sie ist also nur noch für die Vögel da«, merkt Erlam an. Im hinteren Bereich des Gartens blüht ein Blumen-Hartriegel (*Cornus kousa* var. *chinensis*) im späten Frühling und Frühsommer üppig und zieht mit seiner weißen Blütenhülle den Blick aus dem Haus nach oben. Ein Zier-Apfel (*Malus* 'Evereste') bildet den Fokus in der Mitte des Gartens – besonders wertvoll, da er im Frühling eine Fülle an Blüten für frühe Bestäuber bietet und im Herbst rosé-orange Früchte für die Vögel. Ebenso wertvoll für drei Jahreszeiten ist der bereits erwähnte *Cercis canadensis* 'Forest Pansy', der im zeitigen Frühling kleine, leuchtend pinke Blüten direkt an den dicken Ästen und am Stamm bildet, gefolgt von herzförmigen Blättern, die sich im Herbst in leuchtende Rot-, Purpur- und Orangetöne verwandeln. Zu jeder Jahreszeit ist es ein Genuss, sich im Garten aufzuhalten. Man kann sich verlieren in den winzigen Bewegungen der Pflanzen im Wind oder den Bienen zusehen, die die Blüten besuchen. »Der Garten ist kein natürlicher Lebensraum«, weiß Emily Erlam. »Gerade in der Stadt, wo es keine natürliche Landschaft gibt, auf die man sich beziehen kann, muss man seine eigene Interpretation von Natur in die Gestaltung einbringen. Und in jedem Garten muss man als Designer nur einen Anfang schaffen und dann den Garten sich weiterentwickeln lassen.« Ein unverzichtbarer Teil dieser Weiterentwicklung ist jedoch das Gärtnern selbst, die Pflege des Raums – sonst geht die geschaffene Biodiversität wieder zurück. Emily Erlam hat gerade zu diesem Aspekt eine sehr klare Meinung: »Pflegeleichte Gärten oder Gärten, die ohne Pflege auskommen, gehören ins Reich der Mythologie«, sagt sie. »Die meisten Menschen wollen kein Stück verwildertes Brachland hinter ihrem Haus, sondern etwas Schönes, das sie das ganze Jahr über betrachten und bewundern können. Gärten sind wie Juwelen, sie sind dazu da, gepflegt zu werden – und sich um sie zu kümmern gehört zu den größten Freuden, die ein Garten schenkt. Je intensiver man sich regelmäßig und mit Maß einbringt, desto nachhaltiger bleibt die Vielfalt erhalten oder steigert sich sogar. Für mich geht es um Menschen und Pflanzen. Ja, der Klimawandel ist ein zentrales Thema, und wir sollten ihn bei der Planung und Anlage berücksichtigen, aber unsere mentale Gesundheit ist fast noch wichtiger, und im Garten essenziell für unser Wohlbefinden und Glück.«

Seite 196 / Blick aus dem Garten zum Haus von Emily Erlam durch üppiges, strauchiges Grün, darunter *Fuchsia* 'Hawkshead', Wolfsmilch-Hybriden (*Euphorbia × pasteurii*) und Kreta-Schwarznesseln (*Pseudodictamnus mediterraneus).*

Seite 199 / 'Climbing Cécile Brünner' ist eine klassische Kletterrose, die Erlam an der Wand des angrenzenden Gebäudes am oberen Ende des Gartens wachsen lässt.

Seiten 200–201 / Der Garten ist als eine Abfolge von Terrassen gestaltet, jede mit einem eigenen Sitzplatz. Hier sind die Stühle von geschnittenen Eiben- und Myrten umgeben, darüber *Cercis canadensis* 'Forest Pansy' und ein dominanter Blumenhartriegel (*Cornus kousa* var. *chinensis*) in voller Blüte.

Seite 202 / Emily Erlam bei der Gartenarbeit. Für sie ist die Weiterentwicklung und Formung des Gartens über die Jahre hinweg ebenso wichtig wie die ursprüngliche Gestaltung.

Seiten 204–205 / Von den Schiebetüren der Küche aus ist der Garten das ganze Jahr über sichtbar. Daher ist die immergrüne Struktur von entscheidender Bedeutung. Die Grenzen zwischen Innen- und Außenraum sind fließend, indem Zimmerpflanzen wie ein *Phillodendron selloum,* verwendet werden, die die Form der *Fatsia japonica* in der Gartenecke aufnehmen.

Seite 207 / Nelkenwurz (*Geum* 'Totally Tangerine') ist eine der Stauden, mit denen Erlam feine Farbakzente in ihr immergrünes Gerüst setzt. Diese *Geum*-Sorte braucht einen gut feuchtigkeitshaltenden Boden und kann in voller Sonne wie im Halbschatten wachsen.

Seite 208 / Emily Erlam liebt es besonders, Sträucher transparent zu schneiden, ihre Kronen anzuheben und dem natürlichen Wuchs zu folgen.

Seite 209 / Diese Gartenstühle hat Erlam selbst entworfen und aus Eichenholz anfertigen lassen.

Seiten 210–211 / Am oberen Ende des Gartens befindet sich eine offene, sonnige Terrasse, der Erlam durch exotische Pflanzen wie *Tetrapanax papyrifer* 'Rex' eine andere Atmosphäre verleiht. Ein 20 Jahre alter Feigenbaum genießt die Sonne, während der Japanische Papierbusch (*Edgeworthia chrysantha*) eine runde Form darunter bildet.

Seiten 212–213 / Von der Mitte des Gartens aus ist das Haus fast vollständig vom Grün verdeckt. Die Kronen des Judasbaums und des mehrstämmigen Zier-Apfels 'Evereste' treffen sich beinahe in der Mitte.

Seite 215 / 'Eden Rose 85' ist eine von Emilys Erlams Lieblingskletterrosen; sie wächst in der Nähe des Hauses.

TOM MASSEY

RICHMOND GARDEN

LONDON, GROSSBRITANNIEN

»WIR LANDSCHAFTSARCHITEKTEN STEHEN AN VORDERSTER FRONT BEIM KAMPF GEGEN DEN KLIMAWANDEL, ABER WENN WIR ZUSAMMENKOMMEN, UNS AUSTAUSCHEN UND UNSER WISSEN TEILEN, GIBT ES LÖSUNGEN, DIE WIR UMSETZEN KÖNNEN.«

TOM MASSEY

Tom Massey gehört zu einer neuen Generation von Gartengestaltern, die sich den Herausforderungen des Klimawandels unmittelbar stellen. Für Massey kommt es nicht infrage, dieses Thema unter den Teppich zu kehren – sein jüngstes Buch, *Resilient Garden,* ist auf dem Weg ein Standardwerk zu werden für alle, die nach Wegen suchen, Gärten nachhaltiger zu planen und zu pflegen. 2014 gab er seine Karriere in der Animationsfilmindustrie auf, um am London College of Garden Design eine neue Ausbildung zu beginnen, und fand sich schon bald im öffentlichen Rampenlicht wieder, wo er preisgekrönte Gärten in Hampton Court und Chelsea gestaltete. Seitdem hat er Dutzende öffentliche und private Gärten geschaffen und setzt sich dabei kompromisslos für einen ressourcenschonenden, nachhaltigen Ansatz ein, der zunehmend gefragt ist. Tom Massey wuchs in Richmond im Süden Londons auf und verbrachte als Kind viel Zeit mit seinen Brüdern in den weiten Landschaften des Richmond Park. »Ich glaube, das hat sehr früh meine Verbindung zur Natur geprägt«, erinnert er sich. »Dieses Gefühl des Verlierens und Entdeckens in der Natur war mir immer wichtig – und ist es noch immer für meine mentale Gesundheit.« Ein Großteil seiner Projekte sind Stadtgärten, mit denen er seinen Kundinnen und Kunden zeigen möchte, wie man Natur zurück in urbane Räume bringt, die Artenvielfalt fördert und Gärten nachhaltiger bewirtschaftet. »Manchmal hat man das Gefühl, dass das, was man als Einzelner tut, unbedeutend ist«, erzählt er. »Aber wenn wir alle kleine Veränderungen vornehmen – weniger versiegelte Flächen, mehr Platz für Pflanzen, weniger oder keine schädlichen Chemikalien –, dann kann das auf nationaler oder globaler Ebene enorme Auswirkungen haben.«

Der hier vorgestellte Garten in Richmond war einer der ersten Aufträge, die Massey nach der Gründung seines Büros 2015 übernahm, und er zeigt eindrucksvoll, was man auf begrenztem Raum erreichen kann. Der rund 100 Meter lange, schmale Garten ist in vier Bereiche gegliedert; die hinteren beiden voneinander getrennt durch Paneele aus kräftigen Holzpfosten, sodass die verschiedenen Räume erst nach und nach enthüllt werden – ein Kniff, der den Garten deutlich größer wirken lässt. Eine einfache Terrasse aus Yorkstone verbindet das Haus mit einem formalen Rasen und beidseitigen Staudenbeeten. Dahinter folgen ein kleiner Küchengarten und schließlich ein schattiger Waldgarten am Ende. Auf einer Seite des Rasens führt ein Weg aus Trittsteinen durch den Garten zum Gemüsegarten, wo der Pfad in einem Bogen an einem schmalen Wasserlauf entlang weiterführt. Hochbeete und ein kleines Gewächshaus fügen sich harmonisch in diesen Bereich ein, während Birnbäume an der Mauer in Spalierform erzogen werden, um jeden Quadratzentimeter Fläche optimal zu nutzen. Eine Wasserrinne zieht sich durch den gesamten Garten: Sie beginnt im Waldgarten, wo das Wasser wie aus einer Quelle unter einem Felsbrocken hervorplätschert, bevor es in den formalen Bereichen in einem Rinnsal in Cortenstahl gefasst wird und in einem Seerosenbecken auf der Terrasse beim Haus endet. »Das Wasser verbindet den gesamten Garten«, erläutert Tom Massey die Idee. »Wasser bringt so viel mit sich: Klang, Bewegung, Reflexionen – und es lockt unterschiedlichste Tiere an.«

Das hintere Ende des Gartens ist von Bäumen entlang der Grenze umgeben, was Masseys Entscheidung maßgeblich beeinflusste, diesen Bereich in ein entspanntes, fast waldartiges Refugium zu verwandeln – ein deutlicher

atmosphärischer Kontrast zum restlichen Garten. »Das Einbeziehen der umliegenden Landschaft ist in kleinen Gärten besonders wichtig«, erklärt der Designer. »Man muss genau hinschauen, was bereits da ist, und damit arbeiten, statt dagegen.« Die Gegebenheiten vor Ort zu integrieren, ist fast immer der Ausgangspunkt seiner Entwürfe – sei es durch die Wiederverwendung vorhandener Materialien oder mit Pflanzen, die sich für den Standort eignen. »Den Eingriff ins Gelände zu minimieren, ist der Schlüssel. Früher wünschten sich unsere Klienten oft Unmögliches, und wir versuchten, es dennoch umzusetzen. Heute lehnen wir Entwürfe ab, die langfristig nicht nachhaltig betreut werden können. Der erste Schritt ist eine genaue Analyse des Standorts – nicht nur, wie er sich zu Beginn zeigt, sondern wie er sich entwickeln wird. Dann identifizieren wir die Pflanzen, die sich wiederverwenden lassen, und beobachten, was in der Umgebung gedeiht, um die Pflanzenauswahl darauf abzustimmen.« Auch die Beleuchtung ist ein Thema: Warmes Licht und Downlights werden bevorzugt, um nachtaktive Insekten und Fledermäuse zu schützen.

Die Pflanzenauswahl wird für jede Zone und jedes Mikroklima individuell zusammengestellt. Im formalen Teil des Gartens nahe dem Haus setzte Massey robuste, dekorative Arten ein; im Waldgarten hingegen dominieren »natürlichere« Pflanzen. Im Frühling erscheinen Geophyten; später folgen Großer Wiesenknopf (*Sanguisorba officinalis* 'Red Thunder'), Teppich-Knöterich (*Persicaria affinis* 'Darjeeling Red') und Cambridge-Storchschnabel (*Geranium* × *cantabrigiense* 'Biokovo'). Sonnenhut (*Rudbeckia fulgida* var. *sullivantii* 'Goldsturm'), Eichenblättrige Hortensie (*Hydrangea quercifolia*) und Moor-Pfeifengras (*Molinia caerulea* subsp. *caerulea* 'Heidebraut') bringen Bewegung und spätsommerliche Farben hinein. Sechs Eisenholzbäume (*Parrotia persica*), drei auf jeder Seite des Rasens, sorgen für Höhe. Massey entschied sich für die Sorte 'Vanessa', die im Vergleich zur Art einen kompakteren, aufrechten Wuchs hat und sich damit ideal für einen kleinen Garten eignet. Mit ihren winzigen, scharlachroten Blüten am noch unbelaubten Holz ist sie im zeitigen Frühjahr eine frühe Nektarquelle für Bienen und andere Insekten. Darüber hinaus zeichnet sie sich durch eine leuchtend gelbe bis orangefarbene Herbstfärbung aus.

Der Waldgarten hingegen ist leiser, weicher. In Anlehnung an die Flora im Richmond Park pflanzte Tom Massey drei Weißdorne (*Crataegus monogyna*), die mit verschiedenen Farnen unterpflanzt sind, dazu Rasen-Schmielen (*Deschampsia cespitosa*) und Baltische Petersilie (*Cenolophium denudatum*) – ähnlich dem heimischen Wiesen-Kerbel, aber robuster und nicht so invasiv. Mit einer Mischung aus heimischen und nichtheimischen Arten schafft Massey eine lange Abfolge von Blütezeiten, um möglichst viele Bestäuber anzuziehen. »Beschränkt man sich nur auf heimische Pflanzen, verkürzt man zwangsläufig die Blühperiode«, erläutert er. »Viele nichtheimische Arten können die Saison verlängern und widerstandsfähiger gegen extreme Wetterereignisse sein. Die Vegetation wird sich in den nächsten Jahrzehnten enorm verändern. Unsere Pflanzenauswahl richtet sich also nach den Bedingungen der Zukunft – die Pflanzen sollen ohne großen Wasser- oder Düngerbedarf zurechtkommen.«

In vielen seiner Entwürfe kehrt Tom Massey traditionelle Gestaltung um, und bringt die Pflanzen ganz nah an das Haus heran, damit seine Kunden und Kundinnen die Natur von innen wie von außen erleben. »Normalerweise

plant man eine große, offene Terrasse direkt beim Haus. Wir aber bringen Pflanzen bis an die Fenster, sodass man durch sie hindurchgehen muss, um in den Garten zu gelangen. Man verbindet sich dadurch stärker mit der Natur.« In diesem Garten gestaltete er sogar eine begrünte Wand am Haus, in Zusammenarbeit mit der Firma Tapestry Vertical Gardens, bestückt mit einer auf die übrigen Pflanzungen abgestimmten Auswahl – darunter Fatsien, Euphorbien und Fuchsien. Vertikale Gärten benötigen eine automatisierte Tröpfchenbewässerung, lassen sich aber nachhaltig mit Regenwasser versorgen und schaffen in kleinen Gärten wertvollen, zusätzlichen Lebensraum.

Dieser Garten hat unglaublich viele Facetten, und doch greifen sie wie ein perfekt zusammengesetztes Puzzle ineinander. Er wirkt modern und sorgfältig gestaltet, ohne dass dies auf Kosten der Biodiversität geht. »Unterschiedliche Zonen oder Lebensräume im Garten anzulegen, ist eine der einfachsten Möglichkeiten, die Artenvielfalt zu erhöhen, selbst auf kleinem Raum«, sagt er Designer. »Vorne ein trockenes Kiesbeet, hinten ein schattigerer Bereich; vielleicht ein kleiner Teich, der vom Regenwasser gespeist wird; ein Gemüsebeet mit Begleitpflanzung für Bestäuber – all das erhöht den ökologischen Wert.« Auch Totholz, Schutt oder unterschiedlich tiefe Bodenschichten können zusätzliche Lebensräume schaffen. »Das Wichtigste ist, den Garten nicht nur als Zierfläche oder Ort zum Entspannen zu sehen, sondern als lebendiges Ökosystem.« Ein Spaziergang durch diesen Garten beweist, dass naturnahe, tierfreundliche Gärten nicht ungepflegt aussehen müssen: Amseln nisten in den Weißdornen, Insekten umschwirren die Stauden, Libellen fliegen über das Wasser – und das alles in einem Raum, in dem Gestaltung und Eleganz keineswegs zu kurz kommen.

LANDSCHAFT

Panoramische Ausblicke und weite Landschaften prägen die Gärten in diesem Kapitel. Jeder einzelne ist tief in seine Umgebung eingebettet und auf geradezu symbiotische Weise mit dem Ort und der natürlichen Flora verbunden, eine gesteigerte, intensivierte Version dessen, was bereits vorhanden war. Die majestätische Kraft dieser besonderen Orte lässt sich nicht zähmen – deshalb werden die Ausblicke voller Begeisterung aufgenommen, während sich der Garten selbst der weiten Landschaft unterordnet.

Die vorgestellten Gärten teilen sich ihr Terrain mit Rindern, Hühnern und Gänsen – oder sogar mit den wilden Tieren in der Savanne Afrikas. Einer der Gärten ist zu einer Art lebendigem Museum geworden, dessen Besitzer entschlossen ist, die bedrohte Wildflora der Region zu bewahren und dabei einen kargen, felsigen Hang in ein Bild außergewöhnlicher, wilder Schönheit zu verwandeln. Ein anderer reflektiert die Farben und Konturen der Blue Ridge Mountains in einem ressourcenschonenden Präriepflanzkonzept. Die Schöpfer dieser Gärten haben die Umgebung und die umliegenden Landschaften auf subtile, wohlbedachte Weise in ihre Gärten einbezogen und so wunderschöne Orte geschaffen, deren Magie aus einem tiefen Gefühl der Verbundenheit mit dem jeweiligen Ort erwächst.

Das Land lesen / Kim Wilkie

Wir erleben Landschaft ebenso sehr in unseren Köpfen wie mit unseren Sinnen. Relief, Gewässer und Pflanzen bilden ihre Struktur, doch wir färben sie mit unseren Erinnerungen und Assoziationen – mit Orten, an denen wir schwimmen gelernt haben, uns von Grimms Märchen erschrecken ließen oder unserem Schicksal begegnet sind. Wir schmecken die Luft, sehen Geister und spüren Erschütterungen tief unter unseren Füßen. Unser facettenreiches Erleben der Landschaft spiegelt unsere Beziehung zur Welt insgesamt wider.

Das Land zu lesen ist wunderbar komplex und persönlich und zugleich universell und instinktiv einfach. Es beginnt damit, Millionen Jahre alte geologischer Formationen zu betrachten, die durch Wasser und Erosion zu fließenden Formen abgeschliffen wurden. Diese Konturen verraten uns fast alles: die Steilheit oder Sanftheit der Hänge, wie sich Täler geformt haben, wohin Wasser fließt, wie hoch man über dem Meeresspiegel liegt und was man von wo aus sehen kann. Über diesem Felsskelett liegt eine dünne Schicht aus organischem Material und Mikrobenleben, die Wasser filtert und speichert, den Kohlenstoff- und Sauerstoffhaushalt der Luft beeinflusst und die Erdoberfläche kleidet – sie bestimmt, was wächst und wie wir uns ernähren. Der Säuregrad oder die Alkalität des Bodens, kombiniert mit der Exposition des Geländes, liefert ein Gefühl für das Makro- und Mikroklima und für das, was an welchem Ort gedeiht – all das lässt sich aus nur wenigen Karten herauslesen. Topografische Karten sind fantastisch. Sie zu lesen gleicht dem Lesen einer Partitur. Über Konturen, Flüssen, Straßen und Städten liegen kryptische Symbole, die uns über die Oberfläche des Landes führen. Auf einen Blick lassen sich sumpfige Gebiete von Ackerland oder Weiden unterscheiden, Laub- von Nadelwald oder Strauchfloren; man erkennt, wo Gaststätten, Postämter oder Grabhügel zu finden sind. Und dann gibt es hier in England und Wales historische Katasterkarten aus den 1840er-Jahren, wunderschön von Hand gezeichnet und oft aquarelliert, meist begleitet von einem Text, der die Feldnamen und landwirtschaftlichen Beschreibungen jedes Besitzes aufführt. Sie dienten der Kirche, die Höhe der Zehntabgaben der Landbesitzer und Pächter festzusetzen. Diese Karten liefern nicht nur ein Bild dessen, wie die Landschaft vor über 150 Jahren aussah, sondern auch wie sie von den in ihr lebenden Gemeinschaften bewirtschaftet wurde. Sie sind eine Aufzeichnung der Beziehung zwischen Menschen und dem Land – eine Grundlage für all die Geschichten und Erinnerungen, die mit jeder Hecke, jedem Bach und jeder Wegkreuzung verbunden sind. Es gibt auch Gemälde und Musik, doch das geschriebene Wort dringt tiefer in die Vorstellungskraft vor und lässt Bilder im eigenen Kopf entstehen. So entsteht ein lebendiges Abbild der Landschaft durch die Erfahrung vieler Generationen. In England formen, modellieren und bewirtschaften Menschen die Landschaft seit über 6 000 Jahren. Viele Generationen kamen vor uns, deren Geschichten bestimmen, wie wir – und jene nach uns –, wie wir einen Ort wahrnehmen und in ihm leben. Die Landschaft, das Land zu lesen, und mit ihr zu arbeiten bedeutet daher, seine Geologie, Hydrologie und das Klima, aber auch seine Geschichte und Erzählungen zu verstehen und ein Verständnis dafür zu entwickeln, wie Menschen heute denken und welche Prioritäten sie setzen. Aber wenn fast 85 Prozent der Bevölkerung in Städten leben – und diese Städte zugleich weniger als 10 Prozent der Landfläche einnehmen –, wie werden dann diese Prioritäten gesetzt? Wird die Landschaft als Erholungs- und Naturraum verstanden oder als Grundlage zur Sicherung der Ernährung? Den Boden zu lesen – und wie er bewirtschaftet oder misshandelt wurde – ist entscheidend für das Verständnis dessen, was Landschaft bedeutet. A. S. Byatt beschreibt diese Nuancen in ihrem Roman *Possession (Besessen)* (1990) treffend:

Die Täler sind tief und schmal, teils bewaldet, teils mit Wiesen bedeckt, teils gepflügt. Die Grate schneiden scharf gegen den Himmel, stets kahl. Das übrige große, schläfrige Land ist Marschland oder Moor oder eine flache Ackerfläche. Die leicht gewellten Hügel scheinen aus der Erde gefaltet zu sein, doch das stimmt nicht; sie sind Teil eines zerschnittenen Tafellands. Die Dörfer ducken sich in die Täler, am Ende blinder Trichter […] Roland, der aus der Stadt kam, nahm Farben wahr: dunkle gepflügte Erde mit weißem Kalk in den Furchen; einen bleigrauen Himmel mit kreideweißen Wolken. Maud vielen die guten Reitwege und ungepflegte Tore ins Auge, und von großen Landmaschinen übel zerfetzte Hecken.

Mit dem Kopf voller Karten, Geschichten und Bilder ist der nächste Schritt, hinaus in die Landschaft zu gehen. Nur dort kann man Geräusche und Gerüche unmittelbar erleben. Der Winkel des Lichts – oder des Regens – bestimmt, was sichtbar ist. Die Dämmerung offenbart feine Veränderungen. Der steile Anstieg oder der Schutz eines Tals macht das Erleben anstrengend oder angenehm und beeinflusst die Stimmung. Die Landschaft wird persönlich und körperlich. Sie auf der Haut zu lesen ist kraftvoller, als sie mit einem Smartphone einzufangen.

Bislang habe ich überwiegend über ländliche Landschaften gesprochen. Urbane Landschaften sind ein ganz eigenes Genre, obwohl viele physische und erzählerische Filter weiterhin gelten – man nimmt nur viel stärker die Menschen und das Tempo wahr. Die Strukturen sind eher steinern grau als pflanzlich grün, und die chronologische Erzählung verändert sich schneller und wird rascher überlagert. Dennoch hilft das Verständnis der Entwicklungsgeschichte von Städten, ihre Zukunft zu gestalten. Das Wiederentdecken zugeschütteter Wasserläufe, das Erinnern an die Rolle von Überschwemmungswiesen und das Wiederverbinden alter Pilgerwege kann eine Stadt zurückführen zu den Ursprüngen ihrer Entstehung und lebenswerter machen. Neue Siedlungen so zu planen, dass offene Räume durchgehend einem natürlichen Wasserlauf folgen, ist fußgängerfreundlich, praktisch für das Hochwassermanagement und hervorragend für die Tierwelt. Ebenso zeigt das Lesen historischer Dokumente der Landschaft, wo Hecken verloren gingen, wie früher geschlossene Wälder an steilen Hängen Felder rahmten und schützten, und wie Wildtierkorridore, Säume und sanftere Bewirtschaftung zusammenspielen konnten, um die Landschaft optimal zu nutzen und jene vielfältigen Lebensschichten zu fördern, die erst eine große Artenvielfalt ermöglichen. Der Titel dieses Buches, *Pastorale Gärten,* ist eine anziehende, in sich widersprüchliche Bezeichnung. Beweidetes Grünland und Gärten scheinen sich auszuschließen, doch oft funktioniert dieser Widerspruch. Er entspricht einer Tradition nachhaltiger Bewirtschaftung. Das Zusammenleben mit Tieren, verbunden mit dem Anbau von Feldfrüchten, Gemüse, Bienenstöcken und Karpfenteichen, bildet eine effiziente, kreislauforientierte Landwirtschaft. Die Grenze zwischen Land(wirt)schaft und Garten verwischt. Ein Ha-ha oder Graben erlaubt uns, zwischen beiden Welten zu wechseln. Nahrung wächst auf beiden Seiten des Zauns und Pflanzen werden mit gleicher Entschlossenheit ausgewählt und gesetzt, seien es Rosenbeete oder Niederwald. Am Ende geht es darum, wie man das Land nutzt und wofür man es nutzt. Als Nahrung oder Dekoration? Der Anblick von Rindern, Schafen oder Hirschen, die bis an das Haus heran grasen, bringt ein Anwesen zum Leben und verbindet es mit der idyllischen Vorstellung eines natürlichen Lebens ohne Trennung von der umgebenden Landschaft. Es ist zugleich der Schlüssel zu Naturerholung, Biodiversität und gesunder Nahrungsmittelproduktion.

Diese Tradition hat mich tief geprägt. Von paläolithischen Grabhügeln bis zur Gestaltung von Wölbäckern, Rodungsinseln und Hecken: Die praktische und zugleich sakrale Bewirtschaftung von Land ist mein Ausgangspunkt. So lese und verstehe ich Landschaft. Nahrungsmittel in dauerhaft fruchtbarem Boden anzubauen, knüpft direkt an Vergil und die augusteischen Dichter des 1. Jahrhunderts v. Chr. an. Die Vision eines einfachen, pastoralen Lebens berührt eine philosophische und kulturelle Wurzel. Ihre Ursprünge liegen in Griechenland und Rom, nicht in Persien oder Paris. Ein erfülltes, harmonisches Leben im Einklang mit der Natur zu führen, ist die Grundlage. Der Garten verliert seinen philosophischen Kern, wenn er rein dekorativ wird – wie im Jardin Anglais, Englischen Garten oder Giardino all'inglese. Eine produktive Landschaft voller Leben – wild und dennoch menschengeprägt – ist ein solides Fundament in einer immer fragileren Welt.

KIM WILKIE & PIP MORRISON

FRANKLIN FARM

HAMPSHIRE, GROSSBRITANNIEN

»IN DER LANDWIRTSCHAFT GEHT ES UM BIOLOGIE UND NICHT NUR UM CHEMIE. DIE GESUNDHEIT DES BODENS IST ENTSCHEIDEND FÜR UNSERE GESUNDHEIT UND FÜR DIE BIODIVERSITÄT.«

KIM WILKIE

Versteckt in einem vergessenen Winkel der Hampshire Downs liegt Franklin Farm, das Zuhause der Landschaftsarchitekten Kim Wilkie und Pip Morrison. Der Garten ist, wie man es von einem solchen Duo erwarten darf, idyllisch – mit Beeten im Cottagegartenstil und geheimen Innenhöfen zum Entdecken. Doch der formale Gartenteil bleibt bewusst maßvoll und konzentriert sich auf den Bereich rund um das Farmhaus aus dem 15. Jahrhundert und seine Nebengebäude. Er ordnet sich vollständig dem eigentlichen Zweck des Ortes unter: einer funktionierenden Farm. Umgeben ist dieses intime Gartenreich von 14 Hektar biologisch bewirtschaftetem Wald, Wiesen und Weideland, auf denen eine Herde Longhorn-Rinder friedlich grast. Eine Schar freilaufender Hühner streift über den Hof, und Enten planschen im Teich direkt neben dem Haus. Dies ist ein Garten, der im Einklang mit der umgebenden Landschaft funktioniert – ein Ort, an dem Menschen, Nutztiere und Wildtiere zusammenleben können, in einer Weise, die nicht nur ihnen selbst, sondern auch der Umwelt guttut. Für Außenstehende, die über die Gartenmauer blicken, wirkt Franklin Farm wie ein pastorales Paradies – und das ist es auch. Doch die beiden Landschaftsarchitekten arbeiten hart daran, diesen Traum aufrechtzuerhalten: Sie stehen im Morgengrauen auf, um die Tiere zu versorgen, und verbringen viele Stunden an den Wochenenden mit Gartenarbeit oder der Pflege des umliegenden Walds und der Weiden – zusätzlich zu ihren fordernden Berufen als Gartendesigner. Beide sind dennoch überzeugt, dass sie sich durch diese körperliche Arbeit noch stärker mit dem Land verwurzelt fühlen.

Der Hof ist seit 1961 im Besitz von Wilkies Familie, als seine Eltern das verlassene Anwesen mit einem Morgen Land erwarben, während sie im Ausland lebten. Er erinnert sich daran, wie er als kleiner Junge aus dem Internat hierherkam und frei über das verfallene Gehöft streifte – eine Erfahrung, die seine tiefe Bindung an diesen Ort prägte. Das Haus wurde schließlich restauriert, und er verbrachte seine Jugendjahre hier, bevor er in seinen späten Zwanzigern erneut zurückkehrte, um in einer umgebauten Scheune zu leben. In den frühen 1990er-Jahren kaufte Wilkie einen Teil des ehemaligen Farmlands zurück und nach und nach entstanden Garten und Landschaft in ihrer heutigen Form. Er begann, Bäume zu pflanzen – mehr als 4000 –, wodurch ein zehn Hektar großer Wald aus Eichen, Buchen und Feld-Ahornen entstand, der den sanften Konturen des Geländes folgt. Aus diesen Wäldern »federn« Gehölze in die Wiesen hinein, um die Grenzen zwischen dem offenen Land und dem Wald abzumildern, Tümpel zu beschatten, den Rindern Schutz zu bieten und im Boden nützliche Mykorrhizen fortzuführen. Diese Form der Waldweide ist ein besonders artenreiches und vielfältiges Habitat, wie es auch schon in Europa im Mittelalter existierte, als Waldwiesen in vielen Ländern weit verbreitet waren. Die Feldbäume und Teiche, kombiniert mit den Lichtungen im Niederwald (wo Haselsträucher in einem Siebenjahreszyklus auf den Stock gesetzt werden), schaffen ein Mosaik aus Licht und Schatten, das Insekten, Vögel und junge Pflanzen gleichermaßen anzieht.

Kim Wilkie begann, den Garten in Beziehung zu den Gebäuden zu gestalten: Er restaurierte den kreisrunden Weiher am Haus, und errichtete ein geschwungenes Ha-Ha, das sanft durch das hohe Gras verläuft und Garten und Weideland voneinander trennt. Dieses und die meisten Wege, Mauern und landschaftlichen Elemente sind aus

Feuersteinen gefertigt, die aus dem Boden gegraben, mit einem Meißel bearbeitet und wie ein Puzzle in Position geklopft wurden. Als er den Bereich hinter dem Haus freilegte, musste eine alte Lärche entfernt werden. An ihrer Stelle wurde eine abgesenkte Spirallandschaft angelegt, um eine Skulptur von Simon Thomas zu präsentieren. Daraus entwickelte sich ein zweiter, neuer Spiralhügel im Feld dahinter – aufgebaut aus der Erde des Aushubs. Der Senkgarten folgt den Prinzipien der archimedischen Spirale, während der Hügel auf der Geometrie des Goldenen Schnitts beruht. Beide sind durch Blickachsen und einen geschwungenen, gemähten Pfad durch die Wiese miteinander verbunden. Diese eleganten, geometrischen Formen verleihen der Landschaft eine tiefgreifende Wirkung: Die versenkte Spirale lädt dazu ein, innezuhalten, während der Spiralhügel Besucherinnen und Besucher aus dem Garten hinaus in die ansonsten flache Wiese zieht und ihnen dann von seiner Spitze aus eine völlig neue Perspektive eröffnet.

Während Wilkie den Rahmen dieses Gartens buchstäblich Stein für Stein errichtete, begann Pip Morrison seit seinem Einzug 2003 die feinen Details zu gestalten, ergänzte Pflanzen und erweiterte den Gemüsegarten. »Pip ist der wahre Pflanzenkenner«, sagt Wilkie. »Ich liebe es, Erdformen und Wege zu gestalten und mich um produktives Land zu kümmern.« Hinter dem Teich hat Morrison zwei üppige Cottage-Beete erweitert und neu bepflanzt – ein schäumendes Durcheinander farbenfroher Blüten, das den Blick aus den Fenstern des Farmhauses fesselt. Riesige Stockrosen und Rittersporne lehnen sich über die Mauer, verflechten sich mit Phlox, Rosen, Bartfaden (*Penstemon*), Knorpelmöhren (*Ammi*), Mohn und anderen Selbstaussäern, bis im Juli eine dichte Wolke aus Blüten und Laub über die leicht gewölbten Kanten des Zickzack-Feuersteinpfades hinauswogt, der zur Wiese führt. »Es ist alles sehr ungeordnet, aber ich mag die Idee eines wilden Bauerngartens, locker und entspannt – ich möchte nicht, dass es zu gestaltet aussieht«, erklärt Morrison. Der erste Gartenbereich, den sie gemeinsam entwarfen, war der Hof hinter der Scheune. Auf die Rückseite einer Papiertüte skizziert, zeigt der abgesenkte Blumengarten ein geometrisches Muster aus neun Beeten, eingerahmt von einer Terrasse aus abwechselnd silbernen Feuersteinen und dunkleren Ziegelstreifen. Die Bepflanzung besteht aus kühlen Grüntönen, Cremefarben, Silber- und zarten Gelbtönen – mit Funkien, Edeldisteln, blassgelben Taglilien und einer grünen Form des Weißen Germers (*Veratrum album*) mit gefalteten Blättern und limettengrünen Blütenständen. Nachtkerzen und weißer Baldrian haben sich in Ritzen der Wege und Mauern angesiedelt. »Hier gibt es Massen an Zwiebelblumen und aufeinanderfolgenden Stauden«, erzählt Morrison. »Im Winter sieht man das Netzwerk der Wege und die Texturen von Ziegel und Feuerstein – und nach und nach verschwindet diese Struktur, wenn die Pflanzen übernehmen.« Später kam ein erhöhter Rasenweg hinzu, direkt hinter der Mauer und durch ein Ha-Ha vom Weideland getrennt, sodass die Rinder beim Mittagessen oder Mondaufgang Gesellschaft leisten können. Gutmütig und neugierig gehört das Weidevieh ebenso zu diesem pastoralen Garten wie die Pflanzen – sie beleben den Raum und geben ihm eine weitere lebendige Dimension. Diese Nähe zu Tieren und Natur ist auf Franklin Farm essenziell. Wilkie und Morrison sind überzeugt, dass Gärten Teil eines viel größeren Ganzen sein sollten, eingebettet in die Landschaft, statt von ihr abgekoppelt. »So viel Aufmerksamkeit gilt dem Herzen des Gartens am Haus, aber wir vergessen, wie der Garten in die Landschaft übergeht«, erklärt Wilkie. Er kritisiert, dass

Gärten oft hart »in die Landschaft stoßen« oder gar abgesperrt werden, und plädiert stattdessen für fließendere Übergänge, bei denen sich wiesenartige Bereiche in einigen Zonen näher ans Haus heranschieben und in anderen weiter entfernt bleiben. Neben ihrem eigenen Haus ist der Sitzplatz an der Küchentür von einer Wildblumenwiese umgeben, und weitere Wiesenstreifen erobern unter den Weidezäunen hindurch den Senkgarten. Wildblumen gedeihen im mageren Kalkboden, und der gesamte Ort summt von Bienen und flatternden Schmetterlingen.

Zwischen diesem Wiesenbereich und der eigentlichen Weide verläuft ein weiteres geschwungenes Ha-Ha. Dieses Gestaltungselement (so genannt, weil die optische Täuschung Betrachter zum Ausruf »Ha, ha!« veranlasst) wurde im frühen 18. Jahrhundert ein Merkmal französischer Gärten, erstmals beschrieben von Antoine-Joseph Dezallier d'Argenville in *La Theorie et la Pratique de Jardinage*. In Großbritannien wurde es durch den Landschaftsarchitekten Charles Bridgeman eingeführt, der 1719 das berühmte Ha-Ha in Stowe schuf. Später perfektionierte Capability Brown die Kunst, Ha-Has den natürlichen Geländelinien folgen zu lassen. Auf Franklin Farm wird das schlangenförmige Ha-Ha zu einem eigenen Gestaltungselement, während es vom Haus aus die Grenze zwischen Garten und Landschaft nahezu unsichtbar macht. Sowohl Haus als auch Garten von Franklin Farm stehen in einer tiefen, direkten Beziehung zum umgebenden Land. Wege und Mauern bestehen aus Feuersteinen, die auf dem eigenen Land aufgelesen wurden, die Hackschnitzelheizung wird mit Holz aus dem eigenen Niederwald betrieben. Die Verbindung zum Land ist für das Paar essenziell – als Gestaltungselement und als Ausdruck für unser Verhältnis zur Natur in Zeiten des Klimawandels. Wilkie ist überzeugt, dass neue Siedlungen von einem neuen Verständnis für Bodenqualität und natürliche Ressourcen geleitet sein müssen, im Einklang mit der bestehenden Topografie und Biologie des Geländes. Bodengesundheit ist für ihn der Ausgangspunkt für Wandel, ebenso wie eine Rückkehr zu landwirtschaftlichen Methoden, die mit natürlichen Systemen arbeiten. »Von Rindern beweidete Wiesen mit tiefwurzelnden Gräsern binden Kohlenstoff schneller und dauerhafter als alles andere«, erklärt er. »Wir müssen verstehen, dass es bei Boden und Landwirtschaft um Biologie geht und nicht nur um Chemie. Die mikrobielle Gesundheit des Bodens ist allesentscheidend für die Gesundheit des Menschen, die Biodiversität und für den Klimawandel.«

Wilkie sieht den Garten nicht als Insel, sondern als Teil eines größeren Gefüges, das viel intensiver in die Landschaft eingebunden sein sollte. Für neue urbane Siedlungen stellt er sich Quartiere mit gemeinschaftlich genutzten Grünflächen, Balkonen, Wiesen, Marktgärten und Obstwiesen vor, die sich mit dem bewirtschafteten Umland verbinden. In ländlichen Regionen gestaltet er Gärten als Teil kleiner Höfe – mit zugehörigen Nutztieren –, um eine multifunktionale Landschaft zu schaffen, die den Menschen eine sinnvolle Verbindung zur Natur ermöglicht. »Wir müssen neu denken, was Garten ist«, schreibt er auf seiner Website. »Er findet nicht nur innerhalb des Gartenzauns statt, sondern darüber hinaus. Urbane und ländliche Räume müssen zusammenwachsen, Grünflächen zu integralen Bestandteilen unserer Städte werden. Naturschutz bedeutet nicht nur, die Vergangenheit zu bewahren, sondern auch zu überlegen, wie wir das gesamte Land in die Zukunft führen und wie wir es bewirtschaften.«

»MIR GEFÄLLT DIE IDEE
EINES WILDEN BAUERN-
GARTENS – ICH MÖCHTE
NICHT, DASS ER ZU
GESTALTET AUSSIEHT.«

PIP MORRISON

Seite 238 / Longhorn-Rinder mit einem neugeborenen Kalb. Die Rinder weiden auf den Wiesen des 14 Hektar großen Anwesen des Paares und sind ein wesentlicher Bestandteil des Ökosystems, das hier von Grund auf – aus dem Boden heraus – aufgebaut wurde.

Seite 241 / Pip Morrison auf dem Weg zurück zum Haus. Der Spiralhügel ist in der Ferne sichtbar.

Seiten 242–243 / Ein wunderschöner, aus Ziegeln und Feuerstein gebauter Ha-ha zieht sich schlangenförmig über die Vorderseite des Gartens, wo nahe am Haus ein Stück mit Wiesenblumen eingesät wurde – im Kontrast zur ruhigeren beweideten Wiese dahinter. Voller Margeriten und Flockenblumen verbindet die Wiese den Garten in die Landschaft, sodass sie beinahe nahtlos ineinander übergehen.

Seite 244 / Rittersporne (*Delphinium* 'Black Knight') gedeihen in einem der ummauerten Gartenräume hinter einem der Nebengebäude auf Franklin Farm.

Seiten 246–247 / Der Hof hinter der Dreschscheune ist mit einer Mischung aus sonnenliebenden Pflanzen in den abgesenkten Beeten bepflanzt. Pip Morrison entwarf das Pflanzschema in kühlen Grüntönen, Weiß und Gelb – darunter Funkien (*Hosta sieboldiana*), das limettengrüne Rundblättrige Hasenohr (*Bupleurum rotundifolium*,) silbrige Elfenbeindisteln (*Eryngium giganteum*) und hellgelbe Nachtkerzen (*Oenothera*). Wilkie entwarf und baute die Mauern und Flächen aus Ziegeln und Feuerstein. Die Feuersteine wurden auf dem Hof aus dem Boden gelesen. Ein weiteres Ha-ha hinter der Hofmauer erlaubt den Rindern, ganz nah an den Garten heranzukommen.

Seite 249 / Morrisons üppige Staudenrabatten nahe dem Haus explodieren geradezu im Hochsommer, mit farbenfrohen Bauerngartenklassikern wie der tief magentafarbenen Dahlie 'Admiral Rawlings', der zartrosa Rose 'Souvenir de St Anne's' und dem tiefrosa *Phlox paniculata* 'Doghouse Pink', einer von Christopher Lloyds Lieblingssorten.

Seiten 250–251 / Die langen Cottagegartenbeete führen zu einem Tor in die Wiese, entlang eines sanft gewölbten Wegs, den Morrison angelegt hat. Hier wachsen der leuchtend pinkfarbene Phlox 'Wennschondennschon', *Eryngium giganteum,* Garten-Mannstreu (*Eryngium* × *zabelii* 'Big Blue') und Stockrosen aus am Straßenrand in Frankreich gesammeltem Saatgut.

Seiten 252–253 / Mit beeindruckend gebogenen Hörnern, die früher zur Herstellung von Knöpfen, Trinkgefäßen und Lampen verwendet wurden, waren englische Longhorn-Rinder ursprünglich Arbeitstiere, geschätzt wegen des hohen Fettgehalts ihrer Milch. Während der Industriellen Revolution wurden sie vermehrt als Fleischrinder gezüchtet, um die wachsende Stadtbevölkerung zu versorgen, später von modernen Rassen wie Aberdeen Angus und Charolais verdrängt. Bekannt für ihre Sanftmütigkeit, gehören sie auf Franklin Farm zur Familie und grasen friedlich auf der biologisch bewirtschafteten Weide.

Seite 254 / Cerberus, der Lurcher des Paares, im Eingangshof des Hofes und blickt auf den Teich in der Nähe des Hauses. Eine eindrucksvolle Schwarznuss (*Juglans nigra*) bildet hier den zentralen Blickpunkt.

Seite 255 / Margeriten und Wiesen-Salbei (*Salvia pratensis*) sind nur zwei der Wildblumenarten, die auf dem kalkreichen Boden hier hervorragend gedeihen.

Seiten 256–257 / Eine ruhige Ecke zum Sitzen und Essen in einem der ummauerten Gartenräume hinter Kim Morrisons Atelier in der restaurierten Scheune aus dem 19. Jahrhundert. Die Tür in der Mauer führt in den Obstgarten und weiter zur Weide, auf der die Longhorns grasen. Wolfsmilchgewächse haben sich in der Ziegelterrasse und der Mauer selbst ausgesät, während eine Weinrebe der Sorte 'Black Hamburg' über die Mauer fällt. *Ferula tingitana* 'Cedric Morris', ein Doldenblütler, schießt im Beet in die Höhe. In den beiden großen Töpfen gedeihen Pelargonien der Sorte 'Mr Wren'.

Seite 258 / Eine Schar indischer Laufenten hat – gemeinsam mit Maran-Hühnern und Narragansett-Puten – freien Auslauf auf einer der Weiden.

Seiten 260–261 / Die sanft geneigten, mehrstämmigen Stämme eines Erdbeerbaums (*Arbutus unedo*) rahmen den Blick auf die Terrasse vor der Küche. In der Wiesenpflanzung dominieren rosa Skabiosen-Flockenblumen (*Centaurea scabiosa*), am Fuß des Erdbeerbaums wächst ein junger Falscher Jasmin (*Philadelphus* 'Belle Etoile').

Seite 263 / Kim Morrisons Senkspirale hinter dem Haus mit der Skulptur des Künstlers Simon Thomas in der Mitte. Thomas' Werk ist von dender Natur zugrunde liegenden Mustern inspiriert.

UMBERTO PASTI

ROHUNA

TANGER, MAROKKO

»WAS ICH IN GÄRTEN NICHT MAG, SIND STEREOTYPEN UND EINFACHE LÖSUNGEN. WAS ICH LIEBE, SIND BEWUSSTES GESTALTEN, FREIHEIT UND FREUDE.«

UMBERTO PASTI

Rohuna ist ein außergewöhnliches Paradies. Ein Garten, der sich jeder Regel entzieht, über einem rauen, romantischen Hügel im Norden Marokkos gelegen, der Jahr für Jahr nach der Laune seines eigenwilligen Besitzers weiterentwickelt wird. Ein Garten, der einen unweigerlich in seinen Bann zieht, sobald man das Eingangstor durchschritten hat. Der italienische Schriftsteller und Gärtner Umberto Pasti besitzt die Gabe, Träume in Wirklichkeit zu verwandeln. Vor fünfundzwanzig Jahren unternahm er einen Spaziergang entlang der Küste von seinem Haus in Tanger aus, schlief unter einem Feigenbaum ein und erwachte mit der Gewissheit, genau dort, am Hang mit Blick auf das Meer, ein Haus und einen Garten anlegen zu wollen. In seinem Buch über den Garten, *Eden Revisited,* beschreibt er diese Erleuchtung: »Da war ein Feigenbaum. Ich setzte mich in seinen Schatten und schlief ein. Ich träumte, dieser Ort sei mein Körper und mein Körper ein Garten. Als ich erwachte, war ich Blumenbeete und Treppen und Terrassen. Wo mein Haar gewesen war, lag Rasen. Ich sagte meinem Freund, dass ich hierbleiben und hier leben würde. Ich wusste noch nicht, dass die *Jennun,* die Geister des Landes, Besitz von jenen ergreifen, die unter Bäumen schlafen. Liebste *Jennun,* die ihr seit jenem fernen Tag in mir lebt, mich beschützt und geführt habt!« Von diesem Moment an war Pasti an dieses Land gebunden. Er blieb zunächst in einer notdürftigen Hütte aus Schilf und Palmblättern, bis er knapp einen Hektar dieses steinigen, unwirtlichen Hanges erwerben konnte und damit begann, jenen Garten zu erschaffen, den er in seinen Träumen gesehen hatte.

Wie die meisten Gärten begann auch dieser als Idee: ein paar Bäume, gepflanzt in einen Boden, der über viele Jahre ausgelaugt und vernachlässigt worden war. Langsam nahm der Garten Gestalt an. »Über Jahrhunderte war dies ein Gebiet zur Gewinnung von Holzkohle, daher waren alle Bäume verschwunden, die Hügel kahl und der Boden ausgebrannt«, erzählt Pasti. »Man hatte dem Boden nichts zurückgegeben, also mussten wir Hunderte Tonnen Mutterboden und Mist heranschaffen, die auf dem Rücken von Maultieren hierherkamen.« Lesesteine wurden zum Bau eines kleinen Hauses verwendet oder zu Mauern und Terrassen aufgeschichtet. »Am Anfang war hier nichts«, erzählt der Gärtner. »Das erlaubte mir, visionärer zu sein. Es ist ein vollständig erfundener Garten – wie ein Roman.«

Von Beginn an bezog Pasti die gesamte Dorfgemeinschaft mit ein. Er beschäftigte die Dorfbewohner, um seinen Traum Stein für Stein, Pflanze für Pflanze und vollständig in Handarbeit zu verwirklichen – sodass es ebenso ihr Garten würde wie seiner. Er baute eine Straße und ließ mithilfe eines Brunnens und eines Wasserreservoirs Wasser ins Dorf leiten, sodass niemand mehr kilometerweit laufen musste. Anstatt den Garten abzuschotten, öffnete er ihn für alle, richtete eine Außendusche ein und baute eine Brücke vom Hang in den Garten. »Der Garten handelt ebenso sehr von den Menschen wie von den Pflanzen. Ich wollte den Dorfbewohnern ein Gefühl für die Schönheit dieses Ortes und für sein Potenzial geben – etwas, auf das sie stolz sein können, etwas, das es zu bewahren gilt. Das Leben des Dorfes ist mir wichtiger als alles andere. Diese Menschen sind meine Familie.« Heute entstehen im ganzen Dorf neue Gärten, angesteckt vom Gartenfieber Rohunas, und die Dorfbewohner sind auf ihre eigenen Parzellen stolz, was Pasti mit großer Freude erfüllt.

Heute erstreckt sich der Garten über eine Fläche von fast zehn Hektar – eine üppige, grüne Oase, die gerahmte Ausblicke auf den dahinterliegenden Atlantik eröffnet. Oberhalb der Terrassen setzt sich der Garten am Hang fort. Um die Dimension dieses außergewöhnlichen Ortes zu erfassen, muss man hinunter zur Küste gehen. Blickt man zurück, erkennt man erst das ganze Ausmaß – oder den Wahnsinn, wie manche sagen würden – von Umberto Pastis Reich: ein markanter, smaragdgrüner Fleck, der sich wie ein gewaltiger Farbtupfer über den staubigen Hang legt. In den äußeren Bereichen, wo der Garten in die Natur übergeht, breiten sich Wildblumen in erstaunlicher Fülle aus, und es ist eine klare Grenze spürbar zwischen Umbertos liebevoll gepflegtem Land und den überweideten Hügeln jenseits davon. Weiter oben am Hang wandert man zwischen wilden Duftwicken und Rosen durch eine Wiese aus magentafarbenen Siegwurzen (*Gladiolus communis* subsp. *byzantinus*), beugt sich hier und da zu einer juwelenhaften Iris oder einer winzigen Narzisse hinab. Es ist traumgleich und von überwältigender Schönheit. Umbertos Vision für den Garten war von Anfang an klar. Er wollte ihn mit marokkanischen Pflanzen füllen, die aus der Landschaft verschwanden, die vom Bauboom zerstört wurden. »Als ich zum ersten Mal nach Marokko kam, waren Pflanzen und Zwiebeln wie die wilde Tangier-Iris (*Iris tingitana*) überall. Früher musste man nur ein paar Kilometer aus der Stadt hinausfahren, um riesige Felder davon zu sehen.« Dann setzte ein Bauboom ein, und Tausende Pflanzen wurden vernichtet. Pasti machte es sich zur Aufgabe, diese Iris und andere bedrohte Arten vor dem völligen Verschwinden zu bewahren. Er begann, auf Baustellen die Zwiebeln buchstäblich unter den Schaufeln der Bulldozer hervorzuziehen, um sie in seinem Garten neu einzupflanzen. Um seine Sammelleidenschaft und seinen Drang zu retten zu verstehen, muss man eines seiner Häuser in Tanger oder in Rohuna betreten, die mit außergewöhnlichen Sammlungen von Kunst, Textilien, Möbeln, Holzschnitzereien, Keramik und anderen Objekten gefüllt sind – kunstvoll arrangiert wie Wunderkammern. »Ich sammle islamische Keramik, Kunst und Fliesen, Fragmente klassischer Teppiche, Federkopfbedeckungen, bemalte Möbel aus Nordmarokko. Ich sammle Bücher, meist über Marokko. Ich sammle Dinge, die sonst zerstört würden. Ich war schon immer ein Sammler. Als ich zu laufen begann, begann ich zu sammeln. Ich sammle vernachlässigte Dinge, weil mein Traum ist, sie zu retten. Durch die Urbanisierung und Modernisierung geht so vieles verloren oder wird einfach weggeworfen, daher müssen wir versuchen, so viele Dinge wie möglich für kommende Generationen zu bewahren.«

Die Wildblumenbestände im Norden Marokkos gehen heute rapide zurück, und Pasti kämpft unermüdlich für den Schutz dieser Flora, um die ihre Artenvielfalt zu erhalten. Seine Liebe zur Natur wurzelt in seiner Kindheit. Er wuchs in Mailand auf, verbrachte seine Ferien jedoch auf dem Land und streifte mit den Kindern aus der Umgebung durch Wälder und Hügel. Er sieht es als Verpflichtung an, die Pflanzen jenes Ortes zu bewahren, den er mehr als jeden anderen liebt. »Ich kann dabei nur optimistisch sein. Ich sehe, dass die jungen Menschen, mit denen ich arbeite – ländlich geprägt und gesellschaftlich benachteiligt –, beginnen, die Namen der Pflanzen zu lernen und sie zu respektieren. Deshalb ist die Weitergabe von Wissen so wichtig, ob in der Botanik, in der Poesie oder in Traditionen.« Zu dieser kostbaren Flora gehören uralte Oliven- und Johannisbrotbäume, wilde Zistrosen, Mittelmeer-Schneeball, Waldreben, Salbei, Orchideen und Oleander. Zwiebelpflanzen jedoch bilden vielleicht den Kern von Pastis Leidenschaft, wobei den Iris eine besondere Stellung zukommt. Alle marokkanischen Iris sind Zwiebelpflanzen, sie blühen zwischen Dezember und März – und alle gedeihen heute in Rohuna, darunter Arten wie *Iris filifolia, Iris juncea var. numidica, Iris planifolia, Iris serotina* und die endemische Tanger-Iris (*Iris tingitana*). In den äußeren Bereichen des Gartens, am Hang oberhalb des Hauses, haben ihre majestätischen blauvioletten Blüten zwischen Oliven- und Mandelbäumen einen sicheren Zufluchtsort gefunden, geschützt von breiten Bändern wilder Duftwicken und Gladiolen. Die blassgelbe *Iris juncea* var. *numidica* war beinahe ausgestorben, als Pasti sie vor einigen Jahren am Straßenrand entdeckte. »Ich hatte jahrelang nach ihr gesucht, und da war sie – fast verloren mitten in einer Baustelle.« Er fand 18 Zwiebeln, pflanzte die Hälfte in seinem Garten und schickte den Rest an den Botanischen Garten der Universität Oxford, wo sie bis heute gedeihen. Pasti hat außerdem Hunderte Narzissenzwiebeln gerettet, ebenso Siegwurze, Milchsterne (*Ornithogalum*), Laucharten, Krokusse, Herbstzeitlosen und Scillas. Über Terrassen und Hänge verteilt, weist der Garten unterschiedlichste Bodenverhältnisse auf, um den jeweiligen Ansprüchen dieser Pflanzen gerecht zu werden, und unter der sorgfältigen Pflege der Gärtner gedeihen sie prächtig in ihrem neuen Zuhause. Die Wiesenbereiche werden behutsam gepflegt. So umsorgt, erstrahlt der Hang in unzähligen Farben, und lange verschwundene Arten kehren zurück.

Seite 264 / Die Wiese am Hang oberhalb des Hauptgartens von Rohuna leuchtet im Abendlicht. Hier fördert Umberto Pasti die Biodiversität, indem er einheimische Wildblumen wie die bedrohte *Iris tingitana* ansiedelt.

Seite 267 / Sukkulenten in einer der Terrassenmauern. Den Garten in Terrassen zu gliedern und Stützmauern zu errichten, gehörte zu den ersten Schritten bei der Anlage vor 30 Jahren.

Seite 268 / Umberto Pasti im Garten der Portugiesen, auf einer Bank aus Marmor- und Fliesenfragmenten. Jeder Teil des Gartens erzählt eine eigene Geschichte.

Seite 269 / *Iris germanica*, die Art, aus der die vielen Sorten der Bart-Iris hervorgegangen sind.

Seiten 272–273 / Umberto Pastis außergewöhnlicher Knochenbaum, ein alter Olivenbaum, der mit Tierknochen behängt ist, die die Kinder aus dem Dorf gesammelt haben. Schädel schmücken den Stamm, während »klingende Leitern« aus Rippen und »Girlanden« aus Kieferknochen von den Ästen hängen.

Seite 274 / Auf einem seiner täglichen Rundgänge durch den Garten begutachtet Pasti die kleinen Details seiner Pflanzen. Von Pflanzen umgeben zu sein, ist für ihn der Himmel auf Erden.

Seiten 276–277 / Licht fällt durch die skulpturalen Äste eines Mastixstrauchs (*Pistacia lentiscus*) im wilden Garten am Hang. Früher wurde dieser Hügel ständig überweidet und die Bäume für die Holzkohlegewinnung oder als Brennholz gefällt. Nun regeneriert sich das Land, und Hunderte von Wildblumen kehren zurück.

Seite 278 / Pasti ist ein unverbesserlicher Sammler, hingezogen zu allem Schönen, Alten oder Faszinierenden, und er nutzt alles, was er sammelt, auf einfallsreiche Weise. Diese Fragmente von Kacheln aus dem 18. und 19. Jahrhundert stammen aus Fès und Tunesien und schmücken eine Bank.

Seite 279 / *Rosa damascena* ist eine Art, die seit Hunderten von Jahren im Norden Marokkos zur Herstellung von Rosenöl kultiviert wird.

Seite 280 / In einem Beet nahe dem Haus ragen Madeira-Natternköpfe (*Echium fastuosum*) über den Weg. Im Beet mischen sich die zarten weißen Blüten der Pfauenblume (*Dietes vegeta*) mit orangefarbenen Kapuzinerkressen.

Seite 281 / Ein Fischknochen und ein interessant geformter Stein bilden mit einen Aschenbecher auf dem Tisch im Knochengarten ein Stillleben.

Seite 282 / Oben: Kalksteinkugeln setzen einen Kontrapunkt zu den skulpturalen Formen der in Form geschnittenen Bäume und Sträucher sowie der großblättrigen Pflanzen wie *Canna indica*.

Unten: Talita, der Hund von Umberto und seinem Partner Stephan, im Hof vor dem Haus, in dem sich auch der Kübelpflanzengarten befindet.

Seite 283 / Oben: Eine Pflanzenbühne mit Sukkulenten in einer Sammlung von Töpfen, die aus ganz Marokko zusammengetragen wurden.

Unten: Diese Terrasse bildet das Zentrum des Gartens, mit einem Feigenbaum, einem der wenigen Bäume, die bei Pastis Ankunft bereits hier standen.

Seiten 284–285 / Pasti im jüngst entwickelten Teil des Gartens, dem Trockengarten, mit Blick auf die dahinterliegenden Hügel.

Seiten 286–287 / Weiter oben am Hang klettert eine Rose in einen alten Feigenbaum. Der weiß blühende Arabische Milchstern (*Ornithogalum arabicum*) gedeiht im Wiesengras.

Seiten 288–289 / Pasti in der Küche seines Steinhauses mit Jelel, dem Haushälter, beim Erbsenpulen.

Seite 291 / Ein Weg führt durch Wildblumenwiesen den Hügel hinauf zum Feigenhain und dem Wilden Garten.

ÁLVARO SAMPEDRO

TIÉTAR

ÁVILA, SPANIEN

»BEOBACHTE UND HÖRE ZU, WAS DIR DIE LANDSCHAFT ERZÄHLT. DU MUSST DICH AUF DEN GEIST DES ORTES EINLASSEN. IN DEM MOMENT, IN DEM DU DICH DAVON ENTFERNST, WAS DIESER RAUM VERLANGT, WIRD DIR DAS PROJEKT NICHT GELINGEN.«

ÁLVARO SAMPEDRO

Álvaro Sampedro gehört zu einer Handvoll vorausschauender spanischer Gartengestalter, die neue Wege beschreiten, um nachhaltige, naturalistische Gärten in Spanien und darüber hinaus zu schaffen. Vor siebzehn Jahren gab er eine erfolgreiche Karriere in der Rechts- und Finanzwelt auf, um Landschaftsarchitekt zu werden, und studierte an der Schule für Landschaft und Gartenbau des Castillo de Batres in Madrid. Sein eigener Garten, im üppig grünen Tiétar-Tal in Zentralspanien, ist ein eigener Mikrokosmos, ein Beispiel für das, was er in seiner Arbeit anstrebt. Am Ende eines holprigen Weges gelegen, mehrere Meilen von der nächsten Straße entfernt, ist dieser ruhige, zeitgenössische Garten ein wahrer Zufluchtsort – ein Ort, der einen dazu auffordert, zu entspannen und eins zu werden mit der Natur. Sampedro ist überzeugt, dass sich Gärten an ihrem Umfeld orientieren sollten, und er ist Teil einer Bewegung, die Menschen über nachhaltige Praktiken im eigenen Garten aufklärt und sie dazu berät. »Hier in Spanien beginnen immer mehr Menschen zu verstehen, dass unser Klima nicht für große, grüne Rasenflächen geeignet ist«, erklärt er seinen Gedanken. »Viele Menschen beginnen, nach Alternativen zu suchen.« Die Erhöhung der Artenvielfalt und der Einsatz trockenheitsresistenter Pflanzen für einen geringen Wasserverbrauch stehen bei seinen Gestaltungen im Vordergrund, und seine sanfte, naturgeführte Ästhetik findet immer mehr Anklang.

Álvaro Sampedro kam erstmals 2017 in diese Gegend und verliebte sich sofort in sie. Er entdeckte einen verlassenen Obstgarten mit einer zerfallenen Steinscheune und kaufte das Landstück kurz darauf. Die Scheune baute er in ein Wohnhaus um, das er heute als Wochenendhaus und Sommeratelier nutzt. Eingebettet in uralte Wälder und die Vorgebirge der Sierra de Gredos liegt der Garten am Hang des alten Obstgartens, mit einem bescheidenen einstöckigen Haus an dessen oberem Ende. Den sanften Hang hinabfließend ist der Garten von intensiver Schönheit, seine Hügel, Kurven und gedämpften Farben spiegeln die Konturen der dahinter liegenden, bewaldeten Hügel wider. Er wirkt, als wäre er schon immer hier gewesen – genau diese Illusion möchte Sampedro erzeugen. »Meine Eingriffe sollen nahezu unmerklich sein«, sagt er. »Der Garten ist in der Landschaft und die Landschaft ist im Garten. Die Grenzen sind zwar da, aber das Auge wandert weiter, sodass der Garten viel größer erscheint.« Auch seine anderen Projekte transportieren dieselben Ideen: ein naturalisierter mediterraner Garten, der in einen Eichenwald übergeht, so, »dass Garten und Feld miteinander verschmelzen und man nicht weiß, wo die Grenze verläuft«. Ein weiterer Garten in der Extremadura wurde so gestaltet, dass er einen bestehenden Olivenhain einbindet, mit Pflanzen, die »in jeder Jahreszeit das Beste von sich zeigen«.

Bevor er begann, das Land zu roden und zu modellieren, war der Hang mit dichtem Gestrüpp und Büschen bewachsen, doch der Gartenraum war bereits durch eine Reihe alter Trockenmauern definiert, die dem Garten heute eine gewisse Patina verliehen. »Wir mussten 30 Lastwagenladungen Oberboden heranschaffen, um die Beete anzulegen, denn der Boden ist hier so karg«, beschreibt Sampedro die Anfänge. Um die Struktur des Gartens zu bauen, grub er gewaltige Felsbrocken aus der Erde und platzierte sie so, dass sie dem Raum Sinn verliehen, legte geschwungene Wege um sie herum an und schuf große Pflanzflächen, die kleine, geschützte Sitzbereiche umschließen. Der

Entwurf, sagt er, sei ihm ganz leichtgefallen. »Der Ort hat mir gesagt, wie ich es machen soll«. Mit 2000 Quadratmetern ist der Garten nicht riesig, doch ein Spaziergang entlang seiner gewundenen Pfade lässt ihn viel größer erscheinen. Blickachsen werden durch Zypressen und Obstbäume gerahmt, kunstvoll inszeniert, um Dramatik zu erzeugen, und neue Ausblicke öffnen sich, während man sich durch den Raum bewegt – verborgen und dann enthüllt, um ein Gefühl von Geheimnis und Erwartung zu schaffen.

Wenn man den Garten zum ersten Mal betritt, ist der Pool durch eine dichte Eibenpflanzung vor Blicken verdeckt, sodass seine Entdeckung ein wunderbares Überraschungsmoment wird. Nachdem das Auge die geschwungenen Wege und weichen, organischen Pflanzenwolken erfasst hat, bilden die dramatischen, geometrischen Linien des Pools und seine tief absorbierenden Spiegelungen einen kompletten Kontrast, der eine gänzlich andere emotionale Reaktion hervorruft.

Die Bepflanzung ist überwiegend mediterran geprägt, mit einem Gerüst aus robusten, trockenheitsresistenten Sträuchern, die in sanfte Kugeln und Wolkenformen geschnitten sind und von Findlingen durchsetzt werden, kunstvoll platziert, um den Blick zu lenken. »Die Steine respektieren das Wesen der Landschaft, und die Sträucher sind in Formen geschnitten, die jenen der Steine ähneln«, erklärt der Gestalter sein Konzept. »Ich möchte das Gefühl vermitteln, dass wir in die Natur eintauchen.« Am oberen Ende des Gartens scheint das kleine Steinhaus vom Hang verschluckt zu werden, umwoben von Rosen und anderen Kletterpflanzen und beschattet von einer langen, weinberankten Pergola, die zum oberen Ende des Pools führt. Eine Sitzterrasse ist umhüllt von sanft gewellten Kuppeln aus geschnittenen Mastixsträuchern (*Pistacia lentiscus*) und Myrten (*Myrtus communis*), überragt von drei majestätischen Maulbeerbäumen, deren Kronen die darunter stehenden Stühle beschatten. Weiter unten am Hang werden die Immergrünen lichter und von weichen Gräsern durchbrochen. Zahlreiche Ziergräser wurden im Garten verwendet, um die Atmosphäre der wilden Landschaft heraufzubeschwören, darunter Japan-Waldgras (*Hakonechloa macra*), Rosa Haargras (*Muhlenbergia capillaris*) und Herbst-Kopfgras (*Sesleria autumnalis*). Silbrig blauer Gamander (*Teucrium fruticans*) ist zu unterschiedlich großen Kugeln geschnitten, während *Cistus* × *skanbergii,* eine zwergige rosa Zistrose, knubbelige Hügel bildet, die mit den Kerzen des Steppen-Salbeis (*Salvia nemorosa*) oder den weichen Büscheln des Mexikanischen Federgrases (*Stipa tenuissima*) kontrastieren. Einige dieser Pflanzen – oder verwandte Formen – wachsen in dieser Region Spaniens wild. Der Erdbeerbaum (*Arbutus unedo*), die wilde Feige (*Ficus carica*) und das Riesen-Federgras (*Stipa gigantea*) gehören ebenso zu diesem Garten wie zur lokalen Flora, was dem Garten eine noch stärkere Verbindung mit der umliegenden Landschaft verleiht. Da die Pflanzen nur wenig oder gar nicht bewässert werden, herrscht das Prinzip des »Überleben der Stärksten«. Manche Pflanzen gedeihen, andere verschwinden wieder, doch das Endergebnis ist eine Palette robuster, unkomplizierter Pflanzen, die unter den oft harschen Bedingungen problemlos gedeihen. Wie in der Natur erreicht der Garten seinen Höhepunkt im späten Frühjahr, bevor er in der Sommerhitze eine Pause einlegt und im Herbst wieder zu neuem Leben erwacht. Im Frühjahr erwacht der Garten, wenn die Wolfsmilchgewächse mit ihrem leuchtenden Lindgrün Akzente setzen. Dann erscheinen auch die ersten Laucharten, gefolgt von Schafgarben, Salvien, Blaurauten und Storchschnäbeln im späten Frühjahr, wenn sich der Garten in voller Blüte zeigt. In der Sommerhitze verlangsamt sich der Garten, verliert einen Teil seines Blattgrüns, bleibt aber durch seine immergrüne Struktur weiterhin interessant. Im Herbst haben dann die Gräser ihrem großen Auftritt, leuchten golden unter Ahornbäumen und Korkeichen. Schließlich kehrt der Winter ein, und eine ganz besondere Ruhe legt sich dank der Immergrünen über das Areal.

Nach der Anlage wurde der Garten zwei Wachstumsperioden lang bewässert, bis sich alle Pflanzen vollständig etabliert hatten; jetzt benötigt er Wasser nur noch in extremen Dürreperioden. Es ist ein Garten, der sehr wenig Pflege braucht – abgesehen vom regelmäßigen Schnitt der immergrünen Gehölze und dem jährlichen Rückschnitt der Stauden im Spätwinter. Das Schneiden ist eine meditative, geradezu künstlerische Tätigkeit, die Sampedro an den Wochenenden, an denen er hier ist, nach und nach in kleinen Etappen erledigt – eine Aufgabe, in der er sich verlieren kann. »Dies ist mein Garten Eden – wenn auch vielleicht ein wenig vernachlässigt«, lacht er. »Am Morgen ist das Licht hier unglaublich. Die Sonne steigt über dem Berg auf und beginnt, den Garten in einen magischen Ort zu verwandeln. Jeder Tag ist anders.« In der Morgendämmerung ist der Gesang der Vögel im Garten fast ohrenbetäubend. Blauelstern (*Cyanopica cooki*) schießen mit ihrem charakteristischen Ruf hin und her. Schleiereulen ziehen geisterhaft in der Dämmerung über den Garten, und wunderbare Wiedehopfe mit ihren schwarz-weiß gestreiften Flügeln sind in den umliegenden Bäumen zu sehen. Honigbienen leben in den Bienenkästen, die im Garten aufgestellt wurden, und helfen, die Pflanzen zu bestäuben. Riesige Holzbienen mit schimmernden blau-schwarzen Flügeln sammeln sich auf den blass-silbrigen Blütenkerzen des Wollziests (*Stachys byzantina*), und mit Einbruch der Dämmerung erscheinen die Nachtfalter, um sich an den nachtblühenden Blumen zu laben. »Ohne Zweifel hilft der Garten der Tierwelt dieses Tals«, ist Sampedro überzeugt. »Als wir hierherkamen, gab es kaum Vögel, und ist der Garten voll von ihnen.«

Obwohl dieser Garten noch jung ist, wirkt er alt und eingewachsen. Mit seinem sehr geringen Wasser- und Pflegebedarf und seinem Rhythmus des Wachsens und Vergehens im Einklang mit den Jahreszeiten ist er modern und stilvoll zugleich. Er ist sicher keine wilde Landschaft, doch seine vielfältige Pflanzenmischung und seine Selbstverständlichkeit, mit der er sich in die umgebende Landschaft einfügt, lassen ihn für uns Menschen ebenso attraktiv wirken wie für die Insekten, Vögel und Säugetiere, die ihn ebenfalls zu ihrem Zuhause gemacht haben.

»Ich verstehe nicht, wie man ohne diese Verbindung zur Natur existieren kann«, schließt Álvaro Sampedro. »Eine Verbindung, die essenziell ist für unser mentales und physisches Gleichgewicht. Wenn ich hier bin, fühle ich mich frei. Hier bleibt die Zeit stehen.«

Seite 292 / Álvaro Sampedro bei der Arbeit in seinem Garten im Tiétar-Tal in Spanien. Das Riesen-Federgras (*Stipa gigantea*) wächst in der Region wild, doch hier hat er es in den Garten geholt, um die Grenzen zwischen Kultiviertem und Wildem zu verwischen.

Seite 295 / Ein schlichter, formaler Pool verleiht dem Garten eine zeitgenössische Note, die im Kontrast zur weichen, naturalistischen Bepflanzung steht. Wasser in einen Garten zu bringen, fügt dem Ökosystem eine weitere Ebene der Komplexität hinzu, reflektiert Licht und Schatten und bringt Bewegung in die Szenerie.

Seiten 296–297 / Der Garten ist um eine Reihe kunstvoll platzierter Felsen gestaltet. Pflanzen wie der graugrüne Strauch-Gamander (*Teucrium fruticans*), Mastixsträucher (*Pistacia lentiscus*) und Zistrosen (*Cistus × skanbergii*) sind in sanfte Kugel- und Wolkenformen geschnitten, die die Formen der Steine aufnehmen, während sich die Blütenkerzen von Katzenminze (*Nepeta*), Ziest (*Stachys*) und Perovskien (*Salvia yangii*) dazwischen hindurchweben.

Seite 300 / Der aus dem westlichen Mittelmeerraum stammende *Teucrium fruticans* setzt einen farbigen Kontrast zu dem dunkleren Grün von *Pistacia lentiscus,* während *Stipa tenuissima* eine sanfte Bewegung in die Szenerie bringt.

Seite 301 / In den Fels hinter dem Haus wurde eine Nische für eine Außendusche gehauen.

Seiten 302–303 / Der Garten fließt den Hang hinab in die Landschaft jenseits seiner Grenzen. Die Formen und Farbtöne der Pflanzen greifen die des umliegenden Waldes auf, sodass der Garten vollkommen in seiner Umgebung verankert wirkt. Eine Metallpergola, mit Reben berankt, spendet Schatten.

Seiten 304–305 / Sampedro hat die ursprünglichen alten Mauern mit ihren eigenwilligen Formen und ihrer Patina ebenso erhalten wie zahlreiche charaktervolle alte Bäume, wie die Feige links im Bild.

Seite 307 / Neue Bäume wurden gepflanzt, um dem Garten ein Gefühl von Geborgenheit zu verleihen, darunter Maulbeer-, Kirsch- und Pflaumenbäume.

LUCIANO GIUBBILEI

DEEP ROCK FARM

VIRGINIA, USA

»UNSERE MOTIVATION IST ES, ZEITLOSE RÄUME ZU SCHAFFEN – VIELSCHICHTIGE UMGEBUNGEN, IN DENEN KULTUR UND NATUR IN ENGER VERBINDUNG STEHEN.«

LUCIANO GIUBBILEI

Luciano Giubbileis präziser Blick und sein Gespür für Proportion und Balance zeigen sich in all seinen Gärten. Früher war er bekannt für seine reduzierten, oftmals sogar minimalistischen Entwürfe, geprägt von streng in Form geschnittenen Immergrünen und einer scharf ausgeprägten geometrischen Gestaltung. Im Jahr 2011 traf er dann die bewusste Entscheidung, eine neue Richtung einzuschlagen. Ihm war klar geworden, dass er sich nach mehr Farbe und lebendigerem Interesse in seinem Leben ebenso wie in seinen Gärten sehnte. Diese selbst eingestandene »Midlife-Crisis« führte zu einem Besuch in Great Dixter, wo er mit Headgardener Fergus Garrett und seinem Team arbeitete, um sein Pflanzenwissen zu erweitern, und in die englische Tradition des Blumengartens einzutauchen. Heute bilden blühende Pflanzen und Stauden das Herz seiner Entwürfe – sichtbar sowohl auf seinem eigenen Stück Land auf Mallorca, wo er ein experimentelles naturalistisches Feld entwickelt, als auch im wunderbaren Präriegarten, den er auf Deep Rock Farm, in den Ausläufern der Blue Ridge Mountains in Virginia, angelegt hat.

2019 war der malerische Landstrich, der sich beim Heranfahren entlang einer sich schlängelnden Auffahrt entfaltet, nichts weiter als Weideland – Teil einer idyllischen 65-Hektar-Farm, auf der eine 50-köpfige Herde Piedmont-Rinder glücklich durch die sanft gewellten Berge und Täler streifte. Als Giubbilei gebeten wurde, bei der Gestaltung rund um das Farmhaus seiner Auftraggeber zu helfen, das gerade renoviert wurde, verliebte er sich in eine alte Scheune, die auf einem sanften Hügel lag. »Sie hatte eine ganz ungewöhnliche Atmosphäre«, erzählt er. »Ich hatte das starke Bedürfnis, dort einen Staudengarten anzulegen. Die Umgebung war unglaublich, und die Präriebepflanzung wurde von der Landschaft und dem Weideland inspiriert.« Seine Auftraggeber entschieden sich, die Scheune gemeinsam mit dem Architekten Gil Schafer zu renovieren, und Giubbilei stellte sie anschließend dem Innenarchitekten Michael Misczynski vor. An einem nebligen Herbstmorgen trafen sich die drei Kreativen, um Ideen für die Renovierung der Scheune und die Gestaltung der Außenbereiche zu sammeln. Giubbileis Vision stand von Beginn an fest, und er hatte einen Masterplan ausgearbeitet: Einen schlichten, geometrischen Pool, der die Architektur der Scheune widerspiegelte, sowie eine Reihe großer, ineinander verschlungener Beete am Hang darunter, und am Ende eine bestehende Gruppe wunderschöner Trompetenbäume (*Catalpa*). Der Umfang des Gartens musste großzügig sein, damit er in der umgebenden Weite nicht verloren wirkte, und so folgt er den Konturen des Geländes, den Hügel geradezu umarmend. Giubbilei wollte einen Garten schaffen, der immersiv und taktil ist, der die Menschen einlädt, entlang eines Netzes aus gemähten Rasenwegen mitten in die Pflanzung einzutreten.

Da Giubbilei in London arbeitet, musste er mit einem Partner vor Ort zusammenarbeiten. Er hatte sich seit seiner ersten Begegnung 2011 mit Roy Diblik, Inhaber der Northwind Perennial Farm in Wisconsin, gewünscht, mit ihm einmal zu kooperieren – eine Verbindung, die Fergus Garrett vermittelt hatte. Dies schien die perfekte Gelegenheit zu sein. Roy ist einer *der* Spezialisten für Stauden und nordamerikanische Präriepflanzen und war 1979 der erste amerikanische Gärtner, der Pflanzen der Prärie in Containern produzierte. »Mit Roy an der Pflanzplanung zu arbeiten, war ein echtes Vergnügen«, erinnert sich Giubbilei. »Er hat ein unglaubliches Pflanzenwissen, und es war ein

Privileg für mein Studio, mit ihm zusammenzuarbeiten und ihn so inspirierend über Pflanzen sprechen zu hören.« Gemeinsam entwickelten sie einen Pflanzplan für die Fläche, arbeiteten über viele Wochen hinweg aus der Ferne zusammen und verfeinerten genau jene Ästhetik, die Luciano vorschwebte. Im Frühjahr 2020, als die Welt in den Lockdown ging, wurden schließlich 14 000 Stauden und Gräser gepflanzt – mit Hilfe von fünf Studierenden der Landschaftsarchitektur der nahegelegenen University of Charlottesville. Der endgültige Pflanzplan beinhaltete etwa 60 Prozent einheimischen Arten und 40 Prozent Zierstauden aus anderen Teilen der Welt – zum »Vergnügen«, wie Diblik es nennt. Einheimische Pflanzen verhalten sich oft zurückhaltender, doch eine Mischung aus einheimischen und nichteinheimischen Arten, die sich zu selbsttragenden Gemeinschaften verweben, ist Dibliks große Stärke. Nur wenige Menschen kennen Pflanzengemeinschaften so im Detail und in der Tiefe wie er, der sein Leben damit verbracht hat, sie zu kultivieren und ihr Verhalten und ihre Eigenheiten zu beobachten. Er spricht über Pflanzen wie über Kinder: »Einer Pflanze ist egal, wer du bist, was du bist oder was du willst, wie reich oder arm du bist – sie will einfach ein gutes Leben. Aber du musst verstehen, wer sie ist, wie sie lebt, und unter welchen Bedingungen sie am besten gedeiht. Am Anfang war ich einfach neugierig. Es gab so viel Vielfalt in den Pflanzen, und sie hatten eine Art, mir mitzuteilen, wer sie sind – nicht nur durch Blütenfarbe oder Blütezeit, sondern durch ihre Erscheinung im Frühjahr und ihr Zurückziehen am Ende der Saison.« Dibliks komplexe Pflanzschemata basieren auf diesem tiefen Verständnis von Pflanzengemeinschaften und wie sie zusammen wachsen – besonders die in Nordamerika heimischen Präriestauden und -gräser. Viele Jahre lang musste sich Diblik dem öffentlichen Vorurteil stellen, dass diese Pflanzen doch Unkraut seien. Zum Glück ändern sich die Zeiten, und heute empfinden wir diese neue, naturalistischere Ästhetik zunehmend als attraktiv. Ein Garten definiert sich nicht mehr allein über sein Aussehen, sondern auch über seine Funktion als gesamtes Ökosystem. »Wir befinden uns in der transformativsten Phase der Gartenkultur, die es je gab«, ist Diblik der Ansicht. »Wir haben so viel Pflanzenmaterial zur Verfügung, so viel Vielfalt. Aber Menschen und unsere Art zu Gärtnern verändern sich. Immer mehr Pflanzen werden nicht nur zur Freude, sondern für die Tierwelt gepflanzt – für Bestäubergärten, als Vogelnahrung oder für Schmetterlingshabitate.«

Auf Deep Rock Farm besteht das Pflanzschema aus dynamischen Bändern von Pflanzen, die ineinander übergehen und sich subtil wiederholen, um eine visuelle Kontinuität zu schaffen. Es ist eine künstlerische Annäherung an eine Prärielandschaft mit einem hohen Anteil nordamerikanischer Gräser und Stauden wie Purpursonnenhüten (*Echinacea*), Astern, Kandelaberehrenpreis (*Veronicastrum*), Indiandernesseln (*Monarda*) und Wasserdost (*Eupatorium*). Im Spätsommer und Frühherbst, als die Fotografien für dieses Buch entstanden, kontrastieren die feinen rosa Wolken des Sand-Liebesgrases (*Eragrostis trichodes*) wunderschön mit den fast schwarzen Samenständen von *Betonica officinalis* 'Hummelo' und den knollenartigen Hügeln der intensiv malvenblauen Herzblattaster *Eurybia* × *herveyi* 'Twilight'. Mit ihrem kalkweißen Blütenschleier und dem blassgrünen Laub harmoniert das weißblühende Gras *Muhlenbergia capillaris* 'White Cloud' wunderbar mit dem Bartfaden *Penstemon* 'Dark Towers', während sich zarte gelbe Akzente der Goldbandrute (*Solidago caesia*) durch die Pflanzung ziehen. Die kräftigen Formen des Kandelaber-

ehrenpreises (*Veronicastrum virginicum* 'Diane'), Palmlilien-Mannstreu (*Eryngium yuccifolium*) und Duftnessel (*Agastache* 'Blue Fortune') heben sich vor dem leuchtenden Laub des Blausternbuschs (*Amsonia hubrichtii*) ab.

Dibliks Pflanzengesellschaften sind auf einen niedrigen Pflegeaufwand und Nachhaltigkeit ausgelegt und benötigen kaum zusätzliche Wassergaben, sobald die Pflanzen etabliert sind. »Jede Pflanzmischung beginnt mit dem Prüfen ihrer Belastbarkeit«, erläutert er sein Prinzip. »Zunächst wähle ich Arten und Sorten, von denen ich weiß, dass sie ihren Raum respektieren – ich verwende keine Rabauken, die sich überall versamen. Später, wenn die Pflanzung dichter wird und weniger Licht den Boden erreicht, kann man solche Arten hinzufügen, wenn man das möchte.« Der Schlüssel zu dieser Art von Pflanzung liegt in ihrer Entwicklung – und sie braucht das Verständnis eines guten Gärtners. Diblik und Giubbilei haben Glück, dass der Garten von der Vollzeitgärtnerin Mary Schwartz betreut wird, die von Beginn an auf dem Anwesen arbeitet. »Mary ist die Zukunft dieses Gartens, denn sie sieht ihn jeden Tag«, freut sich Diblik. »Sie lernt die Gemeinschaften kennen, die diese Pflanzen miteinander bilden, und sie versteht es, sie im Gleichgewicht zu halten. Es ist ein ständiger Dialog, und wenn Fehler passieren, ist das gut – denn es ist eine Chance zu lernen.« Die saisonale Pflege ist unkompliziert: Der gesamte Garten wird im Spätwinter mit der Motorsense zurückgeschnitten, dann wird das Schnittgut mit einem Mulchmäher zerkleinert und bleibt als Mulch um und zwischen den Pflanzen liegen. Jede Pflanze, die wild wächst ist, erlebt einen ähnlichen Prozess – und der Garten nutzt die Natur als seinen Lehrer.

Giubbilei ist begeistert davon, wie das Projekt zustande gekommen ist. »Es war bereichernd, wie sehr die Arbeit eine kollaborativer Prozess war«, erinnert er sich. »Ich holte Roy dazu, und dann brachte Roy weitere Menschen mit ein. Diese Präriebepflanzung war für mich eine Premiere, ein Experiment, aber nur durch das Austesten und Verschieben von Grenzen, das Ausloten und Ausprobieren von Neuem lernt man, sich als Gestalter weiterzuentwickeln.« Heute, wenn die Sonne über den Blue Ridge Mountains untergeht, liegt über dem Präriegarten auf Deep Rock Farm ein Zauber, der schwer in Worte zu fassen ist. Das weiche, diffuse Licht taucht alles in einen goldenen Schimmer, und über das Land kriechende Schatten betonen Texturen, die im harten Tageslicht unsichtbar bleiben. Im Gegenlicht erscheinen die Berge in jenem rauchigen Blau, das ihnen ihren Namen gab, der Farbton gespiegelt in den dunklen Violetttönen der Astern im Garten. Mit zunehmender Dämmerung werden die Farben intensiver. Das Summen der Insekten verstummt, und Ruhe senkt sich, nur gelegentlich unterbrochen vom sanften Brüllen eines Rindes oder dem Ruf einer Eule. Die Verbundenheit mit der natürlichen Welt ist spürbar.

JINNY BLOM

ARIJIJU

LAIKIPIA, KENIA

ohne eine ausreichende Entwässerungsinfrastruktur das gesamte Areal bei einem Gewittersturm weggeschwemmt würde. Also begann sie, oberhalb des Hauses Drainagerinnen anzulegen, um das Regenwasser umzuleiten, sowie ein System von Ablaufkanälen durch den Innenhof und die übrigen Gebäudeteile zu bauen. Ein Bohrloch wurde zur Wasserversorgung der Lodge angelegt, konnte jedoch nicht zur Bewässerung der Pflanzen genutzt werden, da das vulkanische Wasser viel zu mineralreich war. Unbeirrt – und unterstützt von Michael Dyer – legte Blom weiter oben am Hang einen zusätzlichen Damm als Regenwasserreservoir an, sowie ein kleines Wasserloch für Wildtiere in Sichtweite der Lodge.

Ein Teil der ursprünglichen Vereinbarung mit dem Management des Reservates war, dass sämtliche Bau- und Landschaftsarbeiten ausschließlich von der lokalen Bevölkerung ausgeführt werden sollten. Mit Unterstützung von Llewellyn Dyer, der das größte Permakulturprojekt Ostafrikas leitet, und dem außerordentlich versierten Bauleiter Ben Jackson konnte Blom mit Kikuyu und Maasai ihre ambitionierten Vorhaben umsetzen. »Wirklich alles wurde von Hand gebaut«, erinnert sie sich. »Es gab weit und breit weder Bagger noch andere schwere Maschinen.« Zeitweise arbeiteten 450 Menschen gemeinsam mit ihr an dem Projekt – eine Erfahrung, die sie nie vergessen wird. »Die körperliche Arbeit, die Menschen in diesem Teil der Welt leisten, ist einfach unglaublich«, sagt sie. »Das ganze Projekt war wie die Inszenierung eines Theaterstücks. Alles dreht sich um das Zusammenspiel der Menschen.«

Von außen nach innen arbeitend beschreibt sie, wie sie damit begann, das neu modellierte Gelände zu bepflanzen. »Ich wanderte auf den Gipfel eines benachbarten Hügels und habe dokumentiert, welche Pflanzen dort wachsen. Ich hatte ein Team von 25 Frauen, die morgens um 4.30 Uhr aufstanden, um Grasbüschel auf dem Hügel auszugraben und hier wieder einzupflanzen. Es war eine Knochenarbeit. Wir mussten dann auch unsere eigene Erde herstellen, in die gepflanzt werden konnte: Die Frauen gingen zum trockenen Damm und brachten Schubkarren voller erdiger Brocken zurück, hart wie Beton, und zerschlugen sie mit Eisenstangen, bis eine weiche, feinkrümelige Erde entstand.« Ein weiteres Team von Männern sammelte Elefantendung, der zwischen die gepflanzten Gräser verteilt wurde. Da er viele unverdaute Pflanzensamen enthält, wurde das Areal so mit zahlreichen weiteren Arten angereichert. Der Dung wurde zudem wie Kompost bei der Pflanzung der vielen Tausend einheimischer Bäume genutzt. Sie wurden als Sämlinge aus einer lokalen NGO-Baumschule erworben, und entwickelten sich mit unglaublicher Geschwindigkeit, sobald der Regen einsetzte. Zusätzlich wurden die Gründächer der verschiedenen Gebäude mit demselben Gräser-Mix bepflanzt. Blom nutzte alle verfügbaren Ressourcen und nutzte lokalen Bimsstein, den sie zerkleinern ließ, um ein leichtes Substrat für die Gründächer herzustellen, das die Feuchtigkeit besser halten konnte.

Sobald die gesamte Infrastruktur vorhanden war, konnte der Bau des inneren Bereichs – der eigentliche Garten – beginnen. Der Innenhof ist eine grüne Oase im Kontrast zur trockenen Savanne um die Lodge, doch ist er nach wie vor mit der Landschaft verbunden. Die Bepflanzung greift die Formen und den Habitus der einheimischen Pflanzen auf, viele verwandte Arten oder Sorten mit geeigneteren Eigenschaften wurden verwendet. »Ich wollte, dass

Seite 326 / Der Innenhofgarten von Arijiju ist als üppige Oase gestaltet – im Kontrast zur Savanne außerhalb der Mauern, aber dennoch den Formen und der Anmut der natürlichen Flora nachempfunden. Das von Michaelis Boyd entworfene Gebäude besteht aus honigfarbenem Stein, der direkt vor Ort aus dem Boden gewonnen wurde.

Seite 329 / Giraffen sind nur eine von vielen Wildtierarten, die durch die spektakuläre Landschaft streifen, und sie kommen oft bis an das Ha-ha des Grundstücks heran. Jinny Blom ist der Überzeugung, die erste Gartengestalterin zu sein, die ein Elefanten- und Giraffen-Ha-ha geplant hat – mit den entsprechenden Proportionen.

Seiten 330–331 / Die Poolterrasse an der Seite des Hauses orientiert sich an einem alten Eisenholzbaum. Die gesamte Platzierung des Hauses basierte auf seinem Standort. Elefanten wurden schon beobachtet, wie sie ihren Rüssel in den Infinity-Pool tauchten.

Seite 332 / Die Landschaft jenseits des Grundstücks ist von intensiver Schönheit, doch die Bedingungen sind hart und Pflanzen müssen ums Überleben kämpfen. Die langen Dornen der robusten Fieber-Akazie (*Vachellia xanthophloea*) schützen sie vor Fraßfeinden.

Seiten 334–335 / Die Bepflanzung im Innenhof umfasst eine Mischung aus Gräsern und widerstandsfähigen Sträuchern, die die natürliche Landschaft nachahmt, darunter Lampenputzergras (*Pennisetum*) und Australischer Rosmarin (*Westringia*) und eine weniger dornige Akazienart (*Acacia lahai*).

Seite 337 / Ein verstecktes Vogelnest im Innenhof zeigt, dass Wildtiere auch hier Zuflucht finden. Sogar Frösche haben den Weg zu den Wasserstellen gefunden.

Seite 338 / Jeder Gebäudeteil des terrassierten Komplexes hat ein Gründach zur Förderung der Biodiversität und zum Schutz vor der extremen Hitze. Blom entwickelte dafür ein spezielles Substrat aus zerkleinerten Bimssteinen und bepflanzte die Dächer mit einer Matrix einheimischer Gräserarten.

Seite 339 / Als der Innenhof erstmals bepflanzt wurde, setzte Blom skulpturale, abgestorbene Äste als Markierungen für die Stellen, an denen die kleinen Bäume und Sträucher später zu größeren Formen heranwachsen würden. Das Totholz spiegelt zugleich die Ästhetik der Landschaft wider.

Seiten 340–341 / Ein großer Teil von Bloms Arbeit konzentrierte sich darauf, die unmittelbare Umgebung des Gebäudes nach der Bauphase zu restaurieren. Hier schuf sie begrünte Böschungen zur Ableitung von Starkregen sowie Lehmziegelwege mit seitlichen Drainagerinnen. Alles wurde von Hand ausgeführt, da es keine mechanischen Alternativen gab.

Seiten 342–343 / Weiße Bleiwurz (*Plumbago*) blüht zwischen *Pennisetum alopecuroides* im Innenhof.

Seite 344 / Von Hand in den Boden gehauene Stufen hinter dem Gebäude.

Seite 345 / Ein Blick vom Hügel zeigt, dass das Anwesen von oben dank seiner Gründächer nahezu unsichtbar ist. Ziel war es, das neue Gebäude so in die Landschaft einzufügen, als wäre es schon immer dort gewesen.

Seite 346 / Blick in den Innenhof mit einigen der großen Wasserbecken aus Ton. Blom entdeckte sie bei einem Baumschulbesuch und überzeugte den Besitzer, sie ihr samt der weißen Seerosen zu verkaufen, die in ihnen wuchsen.

Seite 347 / Weißer Bleiwurz (*Plumbago auriculata* f. *alba*) wächst im geschützten Bereich des Innenhofs.

Seiten 348–349 / Vom Wind geformt steht eine einzelne Fieber-Akazie auf dem Hügel über Arijiju. Am fernen Horizont liegt der Mount Kenya.

Seite 351 / Der Blick von der vorderen Terrasse des Anwesens, die bewusst schlicht gehalten ist, um die außergewöhnlichen Aussichten auf die Tierwelt nicht zu beeinträchtigen.

LEBENSRAUM

Die hier gezeigten Gärten überschreiten die Grenze zu einem anderen Bereich. Weniger ornamental, sind sie so gestaltet – oder überhaupt nicht gestaltet –, dass Ökologie und Tierwelt im Mittelpunkt stehen. Der ästhetische Wert solcher naturgeführter Gärten verliert an Bedeutung, sobald andere Faktoren leitend werden – und doch sind sie von beeindruckender Schönheit. Einige dieser Gärten nutzen spannende, experimentelle Pflanzkonzepte, um die Biodiversität zu steigern, führen das Gärtnern in eine völlig andere Richtung und loten aus, was möglich ist. Andere überlassen der Natur das Steuer, fördern heimische Pflanzen, mit minimalem Eingriff in bestehende natürliche Prozesse und Ökologien. Der letzte Garten in diesem Buch ist eigentlich gar kein Garten. Es ist ein Feld rund um eine einfache Blockhütte im ländlichen Connecticut, das von seinem Besitzer, dem Künstler John-Paul Philippe, auf denkbar minimalistische Weise gezähmt wurde. Das Zurückschneiden invasiver Sträucher, das Anlegen von Wegen entlang der Tierspuren, das Aufschichten von Holz und das Fördern der heimischen Flora – das ist alles, was an »Gärtnern« auf diesem Stück Land geschieht. Doch wie dieser ganz besonders atmosphärische Ort zeigt, ist das manchmal das Einzige, was nötig ist. Es sind die Gefühle, die Atmosphäre, ein Lichtstrahl, der Ruf eines Vogels, die diese Orte so außergewöhnlich machen – etwas, das nicht nur mit den Sinnen erfasst, sondern tiefe Emotionen in uns hervorruft.

Gärten als Ökosysteme / Tom Stuart-Smith

Der Klimawandel und die damit verbundenen Konsequenzen für alle ökologischen Systeme haben tiefgreifende Auswirkungen darauf, wie wir die Bepflanzung von Gärten und öffentlichen Räumen denken. Auf der oberflächlichsten Ebene sind wir uns heute viel stärker der Notwendigkeit bewusst, Pflanzungen zu entwerfen, die widerstandsfähiger gegenüber sommerlicher Hitze, Trockenheit und Starkregenereignissen oder Überschwemmungen sind. Doch zugleich bewegen wir uns weg von Pflanzungen, die nur als dekorative Bodenbedeckung fungieren – mit begrenzter Lebensdauer, die nach einer gewissen Zeit ersetzt werden wie ein abgenutzter Teppich – und hin zu solchen, die als vielfältige und sich verändernde Pflanzgemeinschaften gepflegt werden.

Ich erinnere mich, Pensthorpe in Norfolk besucht zu haben, um mir den von Piet Oudolf gestalteten Garten anzusehen, etwa zehn Jahre nach seiner Pflanzung. Die Gärtner hatten laminierte Kopien der Pflanzpläne aufgestellt, und es war beeindruckend zu sehen, wie genau die Pflanzung dem ursprünglichen Plan noch entsprach. Das zeugte zum einen von einer äußerst sorgfältigen Pflege, aber auch davon, wie meisterhaft Oudolf diesen Stil – man könnte sagen seinen frühen Stil – beherrschte: große Gruppen stabiler, horstbildender Pflanzen mit ähnlicher Konkurrenzkraft.

Für mich war das eine entscheidende Lektion, denn damals füllte ich meine Pflanzpläne mit wunderschönen, aber recht aggressiven Pflanzen. Diese fielen in drei Kategorien: Entweder sie versamten sich stark, wie der Riesen-Schuppenkopf (*Cephalaria gigantea*) oder die Riesen-Glockenblume (*Campanula lactiflora*); oder sie waren kurzlebig und oft recht groß, wie viele Königskerzen (*Verbascum*), Kratzdisteln (*Cirsium*), Elfenbeindisteln (*Eryngium giganteum*) und Riesenfenchel (*Ferula communis*); oder sie hatten mehr oder weniger gefährliche unterirdische Ausbreitungstendenzen – etwa Federmohn (*Macleaya*), Kaukasische Geißraute (*Galega orientalis*) und viele Herbstastern (*Symphyotrichum*) oder Römischer Wermut (*Artemisia pontica*). Fairerweise muss ich meinem jüngeren Ich zugutehalten, dass ich diese Pflanzen nutzte, weil sie für Gärtner enormen Spaß bedeuten. Die Pflanzung verändert sich jedes Jahr, und man hat das Gefühl, Teil einer aufregenden Entwicklung zu sein. Diese Höhe, dieses Wachstum, diese Unvorhersehbarkeit! Aber sobald man den Rücken zukehrt, gerät alles rasch außer Kontrolle.

Ein weiterer Bereich, in dem wir in den letzten zwanzig Jahren viel dazugelernt haben, ist der Boden. Ein Aspekt betrifft die Bedeutung des Bodenbioms und der Pflege der Bodenstruktur. Ebenso wichtig aber ist aus gestalterischer Sicht unser zunehmendes Verständnis für die Bodenfruchtbarkeit und deren Einfluss auf gestaltete Pflanzungen. Früher war das Ziel, den Boden so fruchtbar wie möglich zu machen – mit einer dicken Schicht Oberboden und Kompost. Es hat lange gedauert zu erkennen, dass hier ein grundlegendes Missverhältnis bestand zwischen den Wachstumsbedingungen, die wir erzeugten, den Pflanzentypen, die wir verwendeten, und den Pflanzstilen, die viele von uns entwickeln wollten – mit stärker durchmischtem, natürlicherem Charakter.

In meiner eigenen Erfahrung wurde mir diese Beziehung zwischen Fruchtbarkeit und Artenvielfalt besonders deutlich beim Beobachten einer eingesäten Prärie in meinem eigenen Garten, die 2011 in Zusammenarbeit mit James Hitchmough angelegt wurde. Die Prärie wurde an einem offenen, sonnigen Standort in eine zehn Zentimeter dicke Schicht scharfen Sands auf dem unbehandelten Oberboden eingesät, der von magerem, sandigem Material bis hin zu schwererem Lehmboden reichte. Dreizehn Jahre später findet man auf den Sandböden rund 15 bis 20 Arten pro Quadratmeter, auf Lehm maximal vier. Die Vegetation auf dem schweren Boden ist deutlich höher und enthält einen größeren Anteil großer, konkurrenzstarker Arten wie Raublattastern (*Symphyotrichum novae-angliae*) und Hohes Mädchenauge (*Coreopsis tripteris*), und sie ist anfälliger für Welken in Trockenperioden. Auf dem sandigen Boden hingegen dominieren Arten wie Blasser Sonnenhut (*Echinacea pallida*), Blaublühender

Beinwell (*Symphytum azureum*), Karthäuser-Nelke (*Dianthus carthusianorum*) und Geschlitztblättrige Kompasspflanzen (*Silphium laciniatum*), die von langen, regenlosen Wochen im Juli und August kaum betroffen sind. Gräbt man eine dieser Pflanzen aus dem Sand aus, entdeckt man ein riesiges Wurzelsystem – ein wesentlicher Teil ihrer Widerstandskraft. Die naheliegende Schlussfolgerung lautet also: Möchte man komplexe Pflanzungen schaffen, in denen zahlreiche Arten koexistieren und dieser Zustand über längere Zeit bestehen soll, ist ein Boden geringer Fruchtbarkeit unerlässlich – zusammen mit einer Auswahl an Arten, die stressreiche Bedingungen tolerieren. Materialien wie Sand, Ziegelsplitt und zerkleinerter Beton werden dadurch zu nützlichen Gartenbaustoffen.

Das bedeutet, dass wir bei offenen, sonnigen Standorten von den klassischen, nährstoffreichen Prachtstaudenrabatten mit ihren Phloxen, Sterndolden (*Astrantia*), Pfingstrosen, Indianernesseln (*Monarda didyma*-Sorten) und Sonnenbraut (*Helenium*) abrücken können und uns stärker mediterranen und Präriepflanzen zuwenden. Der Anbau in Substratschichten aus Bauschutt, Splitt und Sand ermöglicht es ihnen, sich gegen Brennnesseln, Ampfer, Giersch und andere Wucherer zu behaupten, die sie sonst verdrängen würden. Es erleichtert sogar einen entspannteren Umgang mit »Unkräutern« (falls man sich überhaupt über sie Sorgen macht), da sie sich langsamer etablieren und eine interessantere Form des Zusammenlebens ermöglichen können.

In Knepp (Seite 432), das 2021 entworfen und bepflanzt wurde, haben wir etwa die Hälfte des Gartens nach diesem Trockenregime angelegt. Im extremsten Fall pflanzten wir in eine 30 Zentimeter starke Mischung aus zerkleinertem Beton und Sand; in der Regel betrug die Substrattiefe etwa 15 Zentimeter. Möglich wurde dies, weil eine große, alte Molkerei auf dem Gelände abgerissen wurde und viel Beton zur Verfügung stand. Der Rest des Gartens hat mehr Oberboden und ist teilweise abgesenkt, den Großteil des Jahres feucht und saisonal sogar überflutet – dort herrschen also andere Stressfaktoren. Durch diese kleinen ingenieurtechnischen Eingriffe wurden eine ganze Reihe unterschiedlicher Lebensräume für verschiedene Pflanzengemeinschaften geschaffen, die sich dynamisch versamen und nach und nach an das Mosaik der Standortbedingungen anpassen werden. In allen Fällen lassen wir die Pflanzen selbst arbeiten. Teilen und Mulchen – die beiden Grundpfeiler der klassischen Staudenrabattenpflege – sind sinnlos. Die Hauptaufgabe besteht im Entfernen von Arten, die unerwünscht dominant werden. Wir Gärtner werden zu einem weiteren Selektionsfaktor in der Vegetation und lenken die Sukzession in eine Richtung, die unseren jeweiligen Vorlieben entspricht.

Natürlich hat dieser Ansatz auch Einschränkungen. Die offensichtlichste: Nicht jeder hat einfachen Zugang zu Tonnen von zerkleinertem Beton, und die einzige wirkliche Gelegenheit, dies im größeren Maßstab umzusetzen, besteht bei der Neuanlage eines offenen Gartenbereichs, wo man sich keine Sorgen darum machen muss, bestehende Pflanzen zu überschütten, und ob Maschinen zum Einsatz kommen können. Ein weiteres Problem: Neue Pflanzen nachträglich zu integrieren, kann schwierig sein, da Wasser- und Nährstoffstress hoch sind – die Pflanzen müssen bei der Pflanzung größer sein, selektiv gewässert und geschützt werden, bis sie etabliert sind. Das Einbringen geeigneter konkurrenzfähiger Arten durch Übersaat wird zu einer interessanten Möglichkeit, aber der Effekt ist eher langsam und oft erst nach Jahren erkennbar. Doch als Methode, um in allen außer den kleinsten Gartenräumen nachhaltigere, vielfältigere und attraktivere Pflanzflächen zu schaffen, eröffnet der Einsatz nährstoffarmer Böden und tiefer mineralischer Mulchschichten neue und wunderbare Möglichkeiten.

Anzumerken ist noch, dass mineralische Mulche in Waldgartensituationen selten geeignet sind, da die meisten Pflanzen, die an schattige gemäßigte Bedingungen angepasst sind, auch humusreichere Böden benötigen. Nährstoffe sind hier weniger begrenzend als Licht und Feuchtigkeit. Das übergeordnete Prinzip bleibt jedoch dasselbe: Wenn wir widerstandsfähige, langlebige Pflanzengemeinschaften schaffen wollen, dürfen wir nicht dem Glauben verfallen, dass eine Erhöhung der Bodenfruchtbarkeit – sprich mehr Dünger – die Lösung ist – stattdessen sollten wir die Stresstoleranz der Pflanzen an die Standortbedingungen anpassen und nichts übertreiben. Es sei denn, wir möchten mehr Brennnesseln im Garten.

DAN PEARSON

ROBIN HILL

CONNECTICUT, USA

»WENN DU IM EINKLANG MIT DEM GARTEN BIST, WIRST DU KEINEN WIDERSTAND ERLEBEN. ALLES IST IM GLEICHGEWICHT«

DAN PEARSON

Robin Hill stellt die eigentliche Definition des Wortes Garten infrage. Die sechs Hektar bewegen sich in jenem unbestimmten Zwischenreich von Kulturland und Wildnis, gelenkt und doch von der Natur geformt. Der Garten ist ein Triumph minimalen Eingreifens, ein Projekt, das Dan Pearsons von der Natur geleiteten Planungsphilosophie in jeder Hinsicht entspricht. »Was dieses Projekt von Anfang an getragen hat, war die Landschaft – warum also gegen sie arbeiten?«, erinnert er sich. »An diesem Ort gibt es viel Gegenseitigkeit. Das Land gibt so viel zurück, also geht es darum, mit ihm zu arbeiten und es den Weg weisen zu lassen.«

In den bewaldeten Hügeln von Canaan im Nordwesten Connecticuts gelegen, wurde in den 1920er-Jahren ein imposantes neoklassizistisches Anwesen von George Lister Carlisle und seiner Frau Leila Laughlin Carlisle – einer Erbin Pittsburgher Stahlindustriellen – erbaut, die es nach dem fiktiven Robin Hill aus John Galsworthys *Forsyte Saga* benannten. Das Gebäude thront am oberen Ende eines felsigen Abhangs und blickt über das Grundstück. In den 1980er-Jahren kaufte der Innen- und Möbeldesigner John Saladino das Anwesen und brachte durch Terrassen, Pergolen, Rasenflächen und Mauern formale Strukturen ein. Doch nach seinem Weggang verfiel der Garten, und die Natur übernahm mehr und mehr das Regime. Der umliegende Great Mountain Forest ist eine überwältigende Präsenz; die fast 2 500 Hektar dichten Waldes wirken wie seit Urzeiten bestehend. Interessanterweise wurde er erst Anfang des 20. Jahrhunderts von einer Gruppe entschlossener Anwohner gepflanzt, um das Land zu renaturieren, das zuvor für die Holzkohleindustrie kahlgeschlagen worden war. Heute wird der Wald im Rahmen des Forest Legacy Program der USA gemanagt, und gehört zu den ältesten Naturschutzgebieten des Landes – ein Ort nachhaltiger Forstwirtschaft, um Biodiversität und Klimawandelresilienz zu fördern. Die Tierwelt ist reich: Weißwedelhirsche, Elche, Schwarzbären, Wildtruthühner, Stachelschweine und viele andere Arten leben hier – ein Anblick, der Susan Sheehan und ihren Mann John O'Callaghan, beides Stadtmenschen, gleichermaßen mit Staunen wie mit einer gewissen Furcht erfüllte, als sie das Anwesen 2012 erwarben. Bei ihrer Ankunft war der Boden schneebedeckt und verbarg die Wildnis darunter. Mit dem Frühling erwachte die Landschaft, und Susan erkannte, dass sich der einst gepflegte Garten aus Rasen, Terrassen und Obstwiesen in ein undurchdringliches Dickicht verwandelt hatte. Als Nicht-Gärtnerin empfand sie diese wilde, außer Kontrolle geratene Landschaft anfangs eher furchteinflößend. Wie Pearson erzählt, hatte sie ihm nach ihrem ersten Kontakt, der über den Künstler John-Paul Phillippe (Seite 456) zustande kam, ein 250-seitiges Dokument geschickt, das mit den Worten endete: »Und ich glaube nicht, dass ich überhaupt einen Garten möchte.« »Es war die rigoroseste und ausgefeilteste Präsentation, die wir je von einem Kunden erhalten haben«, erinnert sich Pearson. »Ich hatte sie gebeten, mir einige Dinge zu schicken, die sie inspirierten, und als Antwort erhielten wir dieses außergewöhnliche Dokument. Auf der vierten Seite war ein Bild von Munchs Schrei abgebildet, darunter der Satz: ›So fühle ich mich momentan im Garten.‹« Pearson wusste sofort, dass eine große Aufgabe vor ihm lag: Er musste einen Weg finden, ihr die Angst vor der Wildnis zu nehmen, eine Brücke zur Natur zu bauen und sie wieder mit dem Garten zu versöhnen – und ihnen zeigen, dass er nachhaltig und ohne übermäßige Belastung zu bewältigen sei.

Das Ergebnis ist ein Garten aus Wiesen, Steinflächen und sanft mäandernden Wegen, aus gedämpften Farben und stiller Schönheit – ein Garten, der das Haus nahtlos mit den einzelnen Bereichen und der dahinterliegenden Landschaft verbindet. Eines der ersten Dinge, die Pearson bei seinem Besuch auffielen, war, dass es keinerlei Wege vom vorderen Terrassenbereich in den Garten gab. Das Haus wirkte wie in der Wildnis gestrandet und von der Landschaft abgetrennt. Also war das erste Gestaltungselement im Masterplan eine breite Abfolge kreisförmiger Granitstufen, die hinunter zur Wiese führen. Ausgehend davon entwarf der Planer weitere steinerne Elemente, die den natürlichen erratischen Findlingen nachempfunden sind, die überall auf dem Gelände liegen: elementare, robuste, graue Felsblöcke, die in den Staudenpflanzungen und in der Obstwiese aus dem Boden ragen und die Kraft der hier so dominanten Natur verkörpern. Unter Einbeziehung einiger ursprünglicher Elemente aus Saladinos Garten – darunter ein runder Reflexionspool und ein D-förmiger, von Trockenmauern eingefasster Gartenraum – entwickelte Pearson eine bewusst geführte Route mit verschiedenen Blickpunkten, die die Gartenerfahrung gliedern.

Im oberen Garten an der Frontseite des Hauses hatte Saladino in den 1980er-Jahren einen merkwürdigen erhöhten Steinpfeiler angelegt: teils Wand, teils Weg. Pearson entschied, das Element zu bewahren, es behutsam wieder aufzubauen und seine Oberfläche mit einem Mosaik aus Polster-Thymian, Blumen-Dost (*Origanum laevigatum* 'Herrenhausen') und Schnittknoblauch (*Allium tuberosum*) zu bepflanzen. Saladino hatte dieses Steinwerk »Appian Way« genannt – vermutlich eine Erinnerung an Italienreisen. Dies inspirierte Pearson zu einem weiteren Steinbau an der Hausseite: einer langen, niedrigen Trockenmauer, deren Breite sich mit der Entfernung verjüngt und so mit der Perspektive spielt – inspiriert von den Land-Art-Skulpturen Richard Longs. Das letzte Steinelement liegt tief im Wald, umgeben von Weymouth-Kiefern (*Pinus strobus*) und Streifen-Ahornen (*Acer pensylvanica*). Aus dem Boden gebrochene Steine bilden einen wunderschönen Cairn (Steinhügel), der im lichten Schatten zu schweben scheint. Bei genauerem Hinsehen erweist sich das Grün, in dem er liegt, als dichter Teppich immergrüner Elfenblumen (*Epimedium × versicolor* 'Sulphureum') – alle 800 Pflanzen wurden von James McGrath, dem Headgardener, gesetzt.

Mit diesen Steinelementen als leitenden Punkten begann der restliche Garten Gestalt anzunehmen. Im unteren Garten hinter dem Haus drängte eine erste Phase der Rodung den Wald zurück, erweiterte die Lichtung und schuf Raum zum Atmen, sodass der Wald weniger bedrückend erschien. Dieser Bereich durfte sich anschließend natürlich regenerieren – mit der Vision, dass hier eine natürliche Wiesenvegetation entstehen würde. Sie bildet eine einladende Übergangszone zwischen Haus und den dunklen Wäldern dahinter. Pearson hatte die Fülle einheimischer Blumen gesehen, die in der Wiese seines Freundes John-Paul Philippe in der Nachbarschaft gedeihen, und wusste, dass er diese Stauden auch hier fördern konnte – in den unterschiedlichen Mikroklimata des abfallenden Geländes. Sonnenhüte (*Rudbeckia*), Indianernesseln (*Monarda fistulosa*), Purpursonnenhut (*Echinacea*), Wasserdost (*Eupatorium*), Färberhülsen (*Baptisia*), Herbstastern (*Symphyotrichum*) und Fransenenziane (*Gentianopsis*) sind nur einige der einheimischen Stauden, die heute hier wachsen – begleitet von Ein- und Zweijährigen.

Ohne Bewässerung, ohne Mulchen, ohne Düngen und ohne Mähen ist die Wiese vollkommen selbsttragend – aber keineswegs so pflegeleicht, wie viele glauben. »Die Wiese ist ein komplexes Ökosystem, und viele sehen die Arbeit dahinter nicht«, sagt der Headgardener. »Es ist nicht einfach ein ‚Laufenlassen', und sie wird nie völlig beherrschbar sein.« Jedes Jahr setzt Pearson rund 1.000 neue Jungpflanzen, beobachtet, wie sie sich aussäen oder über Rhizome verbreiten, und entfernt Arten, wenn sie zu dominant werden. Dieser Prozess ist Teil des Designs: »Die Pflege dieses Gartens ist ein Gespräch mit der Landschaft«, erklärt der Planer. »Ohne gute Gärtner würden solche Gärten nicht existieren.« In James McGrath, einem New Yorker, der in Longwood (Pennsylvania) ausgebildet wurde und in Great Dixter (Großbritannien) und De Wiersse (Niederlande) arbeitete, hat Dan Pearson den idealen Hüter gefunden, um Robin Hill weiterzuentwickeln. In anderen Teilen des oberen Gartens gedeihen weitere Wiesen auf Flächen, die früher Rasen waren, und in denen im Frühling Narzissen, Krokussen und Zahnlilien (*Erythronium*) blühen. Unterhalb befindet sich dennoch ein Bereich für einen traditionelleren, kultivierteren Garten. Hinter der Obstwiese liegt der von Saladino angelegte D-förmige Garten, der heute der Schnittblumengarten ist – allerdings nicht als klassischer Garten aus geraden Linien und ordentlichen Beeten. Hinter einer hohen Hecke aus Garten-Reitgras (*Calamagrostis × acutiflora* 'Karl Foerster') wachsen Blumen in großen Beeten, durchzogen von geschwungenen Pfaden. Hier gedeihen anspruchsvollere Zierpflanzen – ein Kaleidoskop an Farben während der kurzen Vegetationsperiode (diese Region wird oft als »Eisschrank von Connecticut« bezeichnet). Auf Storchschnäbel (*Geranium*), Katzenminze (*Nepeta*), Bergminze (*Calamintha*) und Salvien folgen im Herbst Oktober-Sonnenhüte (*Rudbeckia triloba*), Blausternbusch (*Amsonia hubrichtii*), Prachtkerzen (*Oenothera lindheimeri* 'The Bride') und jede Menge Astern.

Entlang der Auffahrt zum Haus hat Pearson einen Moosgarten geschaffen mit einem ausgeprägt japanischen Charakter. Vorhandene orangeblühende heimische Rhododendron werden nun von eleganten Japanischen Kuchenbäumen (*Cercidiphyllum japonicum*) begleitet, deren Herbstfärbung spektakulär ist. »Das ist ein Beispiel für die Art von Arbeit, die ich am liebsten mache – ein bestehendes Habitat aufgreifen und so verfeinern, dass etwas Magisches entsteht«, erklärt Pearson seine Gestaltungsphilosophie. »Robin Hill ist zu einem unserer Schlüsselprojekte für diese Richtung geworden, die wir aktuell in unserer Gestaltung einschlagen. Die Notwendigkeit, mit der Natur zu arbeiten, ist angesichts des Klimawandels alternativlos geworden. Gartengestaltung folgt nicht mehr nur einem ästhetischen Ansatz; sie muss jede Ebene berücksichtigen, um den Ort funktionsfähig zu machen. Und als Landschaftsarchitekten sind wir die potenziellen Akteure eines positiven Wandels.«

Robin Hill ist ein Garten, der sich von jeder Tradition befreit. Ein Garten und doch keiner, vom Land gelenkt, balancierend am Rand der Wildnis, erfüllt von einer besonderen Art Magie, die sich kaum benennen lässt. Vielleicht liegt sie in einer Berührung, einem Duft, einer Veränderung der Geräusche oder der Temperatur, im Ruf eines Vogels oder dem Summen der Bienen. Robin Hill besitzt eine unverwechselbare Identität. Und Pearson hat dazu beigetragen, den Schleier über der Wildnis zu lüften – und einen Weg zu finden, Menschen wieder hineinzulassen.

»AN DIESEM ORT GIBT
ES VIELE WECHSELSPIELE.
ER GIBT SO VIEL ZURÜCK,
ALSO GEHT ES DARUM,
MIT IHM ZU ARBEITEN
UND ES DEM GARTEN ZU
ERMÖGLICHEN, UNS DEN
WEG ZU ZEIGEN.«

DAN PEARSON

Seite 356 / Der Oktober-Sonnenhut (*Rudbeckia triloba*) ist eine kurzlebige oder zweijährige Staude aus dem zentralen und östlichen Nordamerika; hier wächst sie im Schnittblumengarten von Robin Hill.

Seite 359 / Die ursprüngliche Steinterrasse hinter dem Haus liegt oberhalb der heutigen Staudenwiese. Breite, grasbewachsene Stufen führen hinunter in den dahinterliegenden Wald.

Seiten 360–361 / Die Staudenwiese verändert sich im Jahresverlauf ständig. Große Findlinge aus der letzten Eiszeit ragen aus dem Boden und geben der Wiese eine natürliche Struktur, an der die gemähten Wege entlangführen. Im Herbst verteilen sich die weißen Blüten des Ysopblättrigen Dosts (*Eupatorium hyssopifolium*) zwischen Samenständen der Purpursonnenhüte (*Echinacea*) und anderen früh blühenden Stauden wie der Traubensilberkerze (*Actaea* Syn. *Cimicifuga racemosa*), prominent im Vordergrund.

Seite 362 / Im Wald ist der Steinhügel so gestaltet, dass er Besucher innehalten lässt. Die Steine wurden an anderer Stelle im Garten aufgelesen. Der »Cairn« scheint surreal auf einem Meer aus Elfenblumen (*Epimedium × versicolor* 'Sulphureum') zu schweben, deren sommergrüne Blätter im Herbst rötliche Töne annehmen.

Seiten 364–365 / Die Blätter dieser beiden Birken (*Betula papyrifera*) in der Staudenwiese leuchten im Herbst in kräftigem Orange; ihre ausladenden Stämme ziehen den Blick auf sich. Direkt an einem gemähten Weg platziert, wirken sie wie Orientierungspunkte.

Seite 367 / Schnittknoblauch (*Allium tuberosum*) versamt sich im Kiessubstrat auf der felsigen Oberfläche des Appian Ways, einer Steinkonstruktion, die Vorbesitzer John Saladino in den 1980er-Jahren geschaffen hat.

Seite 368 / Oben: Auf der Querachse des Appian Ways führen Stufen aus der Wiese hinauf, sodass man die bepflanzte Oberfläche der Mauer erkunden kann.
Unten: Als Ergänzung zu den vorhandenen Steinelementen schuf Dan Pearson dieses von Richard Long inspirierte Steinband, dessen Breite sich Richtung Wald verjüngt und so mit der Perspektive spielt.

Seite 369 / Oben: Obstbäume im Stone Orchard, einem Bereich, der aus der früheren Gartengestaltung erhalten blieb. Dan hat hier Frühlingszwiebeln wie Narzissen, Krokusse und Zahnlilien gesetzt.
Unten: Der D-förmige Schnittblumengarten ist ein weiterer Bereich des ursprünglichen Designs, den Pearson neu gestaltete. Eine Hecke aus Garten-Reitgras (*Calamagrostis × acutiflora* 'Karl Foerster') schirmt ihn ab und bewahrt das Überraschungsmoment beim Betreten. Der Wein an der umgebenden Mauer ist wahrscheinlich die Wilde Rebe (*Vitis labrusca*) und wurde vor vielen Jahren gepflanzt.

Seite 370 / Samenstände der Wilden Möhre (*Daucus carota*) bleiben über Winter in der Staudenwiese stehen.

Seite 371 / Ein moosbedeckter Felsblock wird von Birken und Eichen überragt; daneben wächst ein neu gepflanzter Japanischer Gold-Ahorn (*Acer shirasawanum* 'Aureum').

Seiten 372–373 / Im Oktober entfaltet der Schnittblumengarten seine herbstliche Gestalt: Silbriger Woll-Ziest (*Stachys byzantina* 'Helene von Stein'), das dunstige Mauve der Aromatischen Aster (*Symphyotrichum oblongifolium* 'Raydon's Favorite'), Duftnessel (*Agastache* 'Blue Fortune'), limonengrüne Blausternbüsche (*Amsonia hubrichtii*) und Prachtkerzen (*Oenothera lindheimeri* 'The Bride') vermischen sich mit verschiedenen Samenständen.

Seite 374 / Ein kleines Holzhaus am Rand des Schnittblumengartens dient heute als Gartenbüro des Headgardeners James McGrath. Die umstehenden Zucker-Ahorne (*Acer saccharum*) färben sich im Herbst leuchtend orange bis rot.

Seiten 376–377 / Blick auf das neoklassizistische Herrenhaus aus den 1920er-Jahren, von Leila Laughlin Carlisle »Robin Hill« genannt – nach dem fiktiven Robin Hill aus *The Forsyte Saga*. Es steht am oberen Rand eines felsigen Hangs und blickt heute auf die Staudenwiese, verbunden durch eine neue Treppe im Lutyens-Stil.

Seite 379 / Ein Paar antiker Holzstühle, perfekt platziert für einen Blick über die Staudenwiese.

SAM BOSANQUET

OLD LANDS

MONMOUTHSHIRE, GROSSBRITANNIEN

Mit dieser ökologischen und botanischen Weltanschauung aufgewachsen, war es wohl unvermeidlich, dass Bosanquet ihr folgte. In der Schule galt seine Leidenschaft den Vögeln, und eine Faszination für Nachtfalter begann, als er sich einen Lichtfangkasten auslieh. Nach einem Studium der Biologie in Oxford trat er in jungen Jahren dem Countryside Council for Wales (heute Natural Resources Wales) bei und untersucht seither eine breite Palette an Pflanzen und Tieren – besonders Moose, Lebermoose, Flechten, Pilze, Schmetterlinge und Nachtfalter sowie Vögel. Eine Stelle als Grünlandgutachter in Pembrokeshire festigte seine Überzeugung, wie unverzichtbar diese Lebensräume für die Tierwelt sind. »Grünland ist ein unglaublich artenreiches Ökosystem, das unzählige Arten unterstützt«, sagt er. »Aber es ist so fragil, so leicht zu verlieren – und die einzige nachhaltige Bewirtschaftung ist die Beweidung. Ohne Beweidung würden wir Tausende Arten verlieren. Würden wir alle aufhören, Fleisch zu essen, hätte das enorme negative Auswirkungen auf unsere Biodiversität.« Seit Bosanquet und seine Frau Clare 2015 das Gut übernahmen, gilt ihre ganze Aufmerksamkeit der Wiederherstellung dieses Graslandhabitats. Einige wenige Bereiche ursprünglichen, unberührten Graslands, das in den 1960er-Jahren der »Präriebehandlung«, wie die Familie die Umwandlung in Ackerland nennt, entgangen war, bilden heute die wertvolle Quelle für heimische Pflanzen und Insekten, die sich nach und nach auf die übrigen Flächen ausbreiten. Dank der Zusammenarbeit mit den neuen Pächtern können sich Wildtiere über die gesamten Ländereien ausbreiten – inmitten einer aktiven, regenerativ betriebenen Landbewirtschaftung.

Als ökologischer Purist wollte Bosanquet seine Wiesen weder nachsäen noch neue Arten einbringen, weil er wusste, dass die hier ursprünglich vorkommenden Pflanzen den kompletten Lebenszyklus der heimischen Insekten am besten unterstützen. »Man kann leicht etwas schaffen, das aussieht wie eine Wildblumenwiese, indem man ein Feld pflügt und eine Saatmischung ausbringt – aber sie hat nicht die Ökologie einer echten Wiese. Eine neu eingesäte Kräutermischwiese wirkt vielleicht blütenreich, doch ihre einjährigen Pflanzen liefern nur Nektar für erwachsene Insekten. Dauergrünland hingegen bietet darüber hinaus Nahrungspflanzen für Raupen und geschützte Orte zum Verpuppen.« Die Flächen werden durch gezielte Beweidung und Heuschnitt bewirtschaftet, um die Nährstoffwerte zu senken, da die meisten Wildblumen in nährstoffreichen Böden von Gräsern verdrängt werden. Grünes Heu von den ursprünglichen Wiesen rund ums Haus wurde genutzt, um einheimische Samen zu verbreiten; so konnten Arten wie Flockenblume und Teufelsabbiss erneut Fuß fassen. Bosanquet betont, dass die Wiederherstellung artenreicher Weiden kein schneller Prozess ist. »Die Erholung intensiv bewirtschafteten Bodens kann Jahrzehnte dauern oder sogar noch länger. Es geht nicht nur um das, was über der Erde passiert, sondern auch um den Boden, die Pilze und die gesamte Mikrofauna darunter. Saftlinge sind die auffälligsten Pilze in alten Wiesen, und sie regenerieren sich sehr langsam. Wir haben hier einen Rasen, der im Zweiten Weltkrieg zum Kartoffelanbau gepflügt wurde – und es gibt deutlich weniger Saftlingsarten als auf unserer Südwiese, die seit Jahrzehnten ungestört blieb. Selbst nach 80 Jahren hat sich die Bodenbiologie nicht vollständig erholt.«

»DIE RENATURIERUNG VON LAND, DAS INTENSIV BEWIRTSCHAFTET WURDE, KANN JAHRZEHNTE DAUERN. ES GEHT NICHT NUR UM DAS, WAS ÜBER DER ERDE GESCHIEHT, SONDERN AUCH UM DEN BODEN UND DAS LEBEN, DAS ER BEHERBERGT.«

SAM BOSANQUET

Seite 380 / Hahnenfuß und Gräser in einer der Wiesen, die Sam Bosanquet auf seinem Familiengut Dingestow Court, Old Lands genannt, restauriert. Bosanquet ist ökologischer Purist und führt keine neuen Arten in sein Grasland ein, da die hier ursprünglich vorkommenden Pflanzen die einheimischen Insekten am besten unterstützen.

Seite 383 / Sam und Clare Bosanquet notieren alle Wildtierbeobachtungen eines Tages – von Nachtfaltern und Schmetterlingen bis zu Fledermäusen und Wieseln.

Seiten 384–385 / Stockrosen, Kapuzinerkresse und Salvien gedeihen neben Gemüse im Mauergarten, steigern die Biodiversität und verleihen dem Küchengarten, gepflegt von Penny Redman, eine ornamentale Note.

Seite 386 / Sam Bosanquet beim Fang von Nachtfaltern in einer Lichtfalle, die er seit seiner Schulzeit besitzt.

Seite 388 / Ein Mittlerer Weinschwärmer. Dieser schöne nachtaktive Falter braucht ungestörtes Grasland und labt sich unter anderem an den röhrenförmigen Blüten des Geißblatts. Seine großen graugrünen Raupen tragen zwei markante schwarze Augenflecken zur Abschreckung von Fressfeinden.

Seite 389 / Ein Hahnen-Dorn (*Crataegus crus-galli*), von Bosanquets Eltern am Rand des Rasens auf der Südseite gepflanzt.

Seite 391 / Sam führt akribische Aufzeichnungen, dokumentiert Mottenfunde Jahr für Jahr sowie Bienen und andere Insekten.

Seiten 392–393 / Bosanquet in der Dämmerung beim Keschern von Nachtfaltern.

Seite 394 / Oben: Der alte Pflanzschuppen im Mauergarten stammt aus viktorianischen Zeiten. Unten: Das alte Hühnerhaus in der Obstwiese.

Seite 395 / Oben: Zierpflanzen füllen ein Beet vor einer Reihe Stangenbohnen. Unten: Die viktorianische Fassade von Dingestow Court, einem großen Landhaus mit Elementen verschiedener architektonischer Epochen.

Seiten 396–397 / Ein kleines Lattenzauntor, von einer Weinrebe überhangen, führt vom Mauergarten in die Obstwiese.

Seite 398 / Der See, der Mitte des 19. Jahrhunderts angelegt wurde und verschlammt war, ist nun restauriert und erweitert das ohnehin reiche Ökosystem von Old Lands um ein weiteres Habitat.

Seiten 400–401 / Ein Pappelschwärmer mit seinen charakteristisch gezackten, blattähnlichen Flügeln.

Seiten 402–403 / Wilder Klatsch-Mohn (*Papaver rhoeas*) und ein paar versprengte Schlaf-Mohne (*P. somniferum*) im Wiesengras der Obstwiese.

Seite 405 / Sam Bosanquet auf dem Weg zu seinen Wiesen, um Motten, Schmetterlinge und andere Insekten zu erfassen.

DONNA & KEVIN COX

BROOK MANOR

DEVON, GROSSBRITANNIEN

»IN EINER WELT VOLLER HERAUSFORDERUNGEN ENTSTEHT HOFFNUNG, WENN MAN ETWAS POSITIVES TUT.«

DONNA COX

Verborgen in den sanften, geschwungenen Hügeln rund um den Dartmoor National Park in Devon liegt das Brook Manor aus dem 16. Jahrhundert, umhüllt von 60 Hektar Land, das vollständig für die Tierwelt bewirtschaftet wird. Die Besitzer, Donna und Kevin Cox, beide leidenschaftliche Naturschützer, restaurieren das Anwesen seit ihrem Einzug im Jahr 2006, befreien den alten Eichenwald von invasiven Arten, stellen Wiesen wieder her und gestalten direkt um das Haus einen neuen, naturnahen Ziergarten. Ihr gesamter Fokus liegt darauf, Lebensräume für möglichst viele Vögel, Säugetiere und wirbellose Tiere zu schaffen. »Der Lebensraum, der in der britischen Landschaft am stärksten unter den Veränderungen leidet, ist das blumenreiche Grasland«, sagt Donna. »Nur zwei Prozent der Heuwiesen und Kalkmagerrasen, die wir noch vor 70 Jahren hatten, existieren heute – und entsprechend ist die Tierwelt, die von ihnen abhängig ist, dramatisch zurückgegangen: Heuschrecken, Grillen, Hummeln, Schmetterlinge, Schwebfliegen, Spinnen, Käfer, Wühlmäuse und viele mehr – und in der Folge auch die Vögel und Säugetiere, die sich von ihnen ernähren.«

Kevin Cox, ehemaliger Vorsitzender der Royal Society for the Protection of Birds (RSPB), ist besonders daran interessiert, mehr Vögel anzuziehen. Mit Hilfe des Ökologen Daniel Whitelegg hat er mehr als 100 verschiedene Arten auf dem Anwesen dokumentiert. Die beiden haben 300 Nistkästen im Wald von Brook Manor aufgehängt, die nun seltene Trauerschnäpper beherbergen, die bevorzugt in Eichenwäldern brüten – 2024 wurden 135 Jungvögel gezählt. Außerdem gibt es hier Habichte, Turmfalken und Schleiereulen, und eine reetgedeckte Scheune wurde nicht für menschliche Zwecke umgebaut, sondern als Quartier für eine Kolonie von Kleinen Hufeisennasen, einer Fledermausart. Die 32 Hektar Wald, aus denen das Paar über mehrere Jahre hinweg Nadelbäume und invasive Pontische Rhododendron (*Rhododendron ponticum*) entfernt hat, werden ergänzt durch eine mosaikartige Weidelandschaft, in der sie artenreiche Wiesen wiederherstellen und neue Wiesen anlegen. Nach jahrzehntelanger intensiver Beweidung sind diese Wiesen nun voller einheimischer Wildblumen, was wiederum eine Fülle von bestäubenden Insekten und anderen Tieren anzieht. Im Zentrum des Anwesens steht das Herrenhaus im Tudorstil mit seinem formalen Garten, der sich harmonisch an die umliegenden Wiesen anschmiegt. Mit denselben ökologischen Grundsätzen gepflegt, bietet er ein Maß an Formalität unmittelbar am Haus, ohne die weiten Ausblicke zu stören.

Obwohl Donna und Kevin Cox im Herzen schon immer Naturschützer waren, hatten sie viele Jahre im Zentrum von Bristol gelebt und sehnten sich nach ihrem eigenen Stück Land, das sie pflegen konnten. Kurz nach ihrem Umzug nach Devon wurde Donna eingeladen, eine vom Dartmoor National Park restaurierte Wiese zu besichtigen – ein Erlebnis, das sie nachhaltig prägte: »Ich war völlig überwältigt von dieser Wiese. Sie war voller Orchideen und anderer Wildblumen, und mir wurde klar, dass wir das Gleiche in Brook Manor erreichen könnten.« Entschlossen kehrte sie zurück und begann mit der allmählichen Restaurierung aller 28 Hektar Grasland auf dem Anwesen. Unterschiedliche Bodenbedingungen auf dem Gelände schaffen ein komplexes Netzwerk von Ökosystemen, in denen entsprechend vielfältigere Wildblumen – und damit auch mehr Insekten, Vögel und Säugetiere – vorkommen. Die blüten-

reichste Wiese ist die Great Meadow, die durch ein Ha-ha vom Garten getrennt ist. Im Sommer führt ein geschwungener, gemähter Pfad durch das hohe, wogende Gras hinein in den Reichtum dieser Wiese – man muss mitten in ihr stehen, um ihre Feinheiten zu erkennen, sie zu sehen, zu hören und zu fühlen, wie sie vor Leben summt.

Eine Wiese anzulegen, kann so einfach sein, wie die Mahd auf einmal jährlich zu begrenzen und sie sich selbst zu überlassen. Um den Prozess zu beschleunigen, empfiehlt Donna jedoch die Grünheu-Methode. »Man nimmt Schnittgut von einer artenreichen Wiese aus der Umgebung, sobald diese ihren Samen angesetzt hat – meist im Juli oder August«, erklärt sie. »Das ist eine fantastische Möglichkeit, Samen zu übertragen. Die Zielwiese wird vorbereitet, indem das Gras sehr kurz gemäht, entfernt und anschließend der Boden so aufgeraut wird, dass etwa 50 Prozent offene Erde sichtbar sind. Dann wird das frische Heu innerhalb von 12 Stunden nach dem Schnitt ausgebracht. Den Rest erledigt die Natur.« Die Artenvielfalt kann zusätzlich erhöht werden, indem man Klappertopf (*Rhinanthus minor*) einbringt, einen Halbschmarotzer, der das Wachstum von Gräsern um bis zu 60 Prozent reduziert. Die Bewirtschaftung der Wiese ist entscheidend. »Wir schneiden unsere Heuwiesen jedes Jahr im August und lassen sie anschließend im Herbst beweiden«, sagt Donna. »Ein Drittel jeder Wiese lassen wir ungemäht stehen, denn es ist wichtig, Überwinterungsbereiche für viele wirbellose Tiere zu erhalten.« Die Great Meadow ist drei Hektar groß und war früher eine große gemähte Rasenfläche, doch seit der Umwandlung verwandelt sie sich von Frühling bis Hochsommer in ein Meer aus Orchideen und zahlreichen anderen Wildblumen. Wilde Möhre, Hornklee, Margeriten, Hahnenfußarten und Wiesenknöpfe sind nur einige der vielen Arten, die hier gedeihen. »Wir haben inzwischen über tausend Sumpf-Stendelwurzen und Knabenkräuter sowie eine Kolonie der seltenen Waldhyazinthe«, erzählt Donna Cox. »Keine dieser Orchideen war vor der Grünheu-Ausbringung vorhanden. Die Anlage einer Wiese ist ein langsamer Prozess, und die Wildorchideen tauchten erst sechs Jahre nach der ersten Ausbringung auf. Insgesamt haben wir 85 Arten von Gräsern und Wildblumen in dieser Wiese, verglichen mit den drei oder vier Arten in einem durchschnittlichen englischen Rasen. Durch die intensive Landwirtschaft ist Großbritannien eines der artenärmsten Länder der Welt, und die meisten Menschen ahnen nicht, dass unsere smaragdgrünen Hügel eigentlich eine Wüste sind. Es ist meine Mission, Menschen Alternativen zu zeigen und ihnen bewusst zu machen, dass diese grünen Felder nicht so schön sind, wie sie scheinen.« Donna Cox ist Gründerin der lokalen Gemeinschaftsinitiative Moor Meadows und baut ein Netzwerk von Wiesenschützern in ganz Devon auf, das Wissen teilt und zum Anlegen eigener Wiesen inspiriert. Sie ermutigen die Teilnehmer, ihre Wiesen auf einer Karte Devons einzutragen – inzwischen umfasst dieses Netzwerk über 1.012 Hektar Wiesen, deren einzelne Flächen von 28 Hektar bis hin zu einem kleinen Gründach auf einem Gartenschuppen reichen.

Neben der Great Meadow werden weitere Flächen des Anwesens zu blütenreichem Grasland restauriert und von Rindern beweidet, die keine Medikamente erhalten. Weitere Lebensräume entstehen durch Buschwerk aus Farn und Ginster sowie Baumgruppen aus Eberesche, Weißdorn, Erle und Schneeball. An anderer Stelle wurde eine Feucht-

327

»GROSSBRITANNIEN IST EINES DER ARTENÄRMSTEN LÄNDER DER WELT. DIE WENIGSTEN MENSCHEN WISSEN, DASS UNSERE GRÜNEN FELDER FÜR DIE FAUNA EIGENTLICH WÜSTEN SIND.«

DONNA COX

Seite 406 / Ein Nest flügger Trauerschnäpper in den Eichenwäldern von Brook Manor. Diese seltenen Singvögel benötigen spezifische Bedingungen zum Nisten. Hier wurden die Eichenwälder durch das Entfernen von Brombeerdickicht und invasivem Rhododendron wiederhergestellt, und Nistkästen angebracht. Das gesamte Anwesen wird so bewirtschaftet, dass möglichst viele Insekten die wachsende Vogelpopulation ernähren können.

Seite 409 / Die seltene Grüne Waldhyazinthe (*Platanthera chlorantha*) wächst in der restaurierten Great Meadow, die nun als Heuwiese bewirtschaftet wird.

Seiten 410–411 / Brook Manor ist ein Herrenhaus aus dem 16. Jahrhundert und hat einen ungestörten Blick über die Great Meadow hin zum Wald. Zuvor als Rasen angelegt, wurde diese riesige Fläche früher kurz gemäht – zeitaufwendig und zugleich ein Verlust wertvollen Lebensraums. Jetzt wird sie als Heuwiese gepflegt, einmal jährlich gemäht und im Herbst beweidet.

Seite 412 / Der Garten von Brook Manor reicht bis an das Gebäude, mit traditionellen gemischten Rabatten, vollständig biologisch gepflegt. Hier mischen sich ein farbenprächtiges Ensemble aus Phlox, Frauenmantel, rotem Fingerkraut (*Potentilla*) und Storchschnabel mit heimischem Mutterkraut und Fingerhut.

Seiten 414–415 / Auch formale Elemente wurden in diesen naturfreundlichen Garten integriert, doch wurden Pflanzen- und Gestaltungsentscheidungen stets im Hinblick auf die Tierwelt getroffen. Die geformten Zier-Äpfel (*Malus transitoria*) liefern im Frühjahr reichlich Blüten für Bestäuber und im Herbst gelbe Früchte für Vögel. Darunter decken Japan-Waldgras (*Hakonechloa macra*) und Katzenminze (*Nepeta*) den Boden und bieten Lebensraum für Kleinsäuger, während Bachlauf und Teich Molchen und anderen Tieren Heimat geben.

Seite 417 / Eine schwebende Hecke aus heimischer Hainbuche (*Carpinus betulus*) bietet Nistplätze für Vögel. Ein kleines Stück Wiese bildet einen Kontrast zur formalen Gestaltung aus geschnittenen Hainbuchen und Eiben und bringt zusätzliche Vielfalt in den Garten.

Seite 418 / Einer der Nistkästen im Eichenwald, speziell für die Trauerschnäpper konzipiert. Weitere Brutvögel in diesen Wäldern sind Habicht, Turmfalke, Misteldrossel und Waldkauz.

Seite 419 / Der Ökologe Daniel Whitelegg ist auf dem Anwesen angestellt, um die gesamte Tierwelt von Brook Manor zu erfassen und zu betreuen. Er kontrolliert regelmäßig die Nistkästen, zählt Eier und dokumentiert ausgeflogene Jungvögel. Außerdem erfasst er Insektenarten und -zahlen sowie die Bestände der Fledermäuse.

Seiten 420–421 / Die Feuchtwiese im Sommer mit einem Schleier aus Safranrebendolde (*Oenanthe crocata*). Bevor dieser Schierlingsverwandte blüht, steht das ganze Tal in gelben Flammen der Sumpf-Schwertlilien. Der renaturierte Farnhang auf der rechten Seite wird gepflegt, um die darunter wachsenden Hundszahnlilien zu schützen und die inzwischen selten gewordenen Perlmuttschmetterlinge zu fördern.

Seite 422 / Daniel Cox hält einen kürzlich ausgeflogenen Trauerschnäpper. Die Vögel werden beringt und registriert, bevor sie zur Überwinterung nach Westafrika ziehen.

Seite 423 / Die feinen Details der Wiesenflora aus der Nähe. Hier ragt die heimische Französische Erdkastanie (*Conopodium majus*) über Kleinen Klappertopf (*Rhinanthus minor*) und Rot-Klee (*Trifolium pratense*).

Seite 424 / Eine Schaukelsitzbank bietet einen ruhigen Blick über die Great Meadow.

Seiten 426–427 / Ein Fuchs' Knabenkraut (*Dactylorhiza fuchsii*) eingebettet in eine Matrix aus heimischen Gräsern, Scharfem Hahnenfuß (*Ranunculus acris*) und Hornklee (*Lotus corniculatus*), der über 100 verschiedenen Insektenarten Nahrung bietet.

Seiten 428–429 / Der Übergang von der formalen Gartenanlage zur Great Meadow ist dank des Ha-has nahtlos und ermöglicht einen ungebrochenen Blick vom Haus in die Landschaft.

Seite 431 / Einer von mehreren Schleiereulennistkästen am Rand einer Wiese des Anwesens.

ISABELLA TREE & TOM STUART-SMITH

KNEPP WALLED GARDEN

SUSSEX, GROSSBRITANNIEN

»BEIM REWILDING BLEIBT DER GÄRTNER ZWAR DER WICHTIGSTE EINFLUSS IM GARTEN, ABER DER UNTERSCHIED BESTEHT DARIN, DASS DIE NATUR AN ERSTER STELLE STEHT.«

ISABELLA TREE

Knepp ist eine der größten Erfolgsgeschichten des Rewildings in Großbritannien, und der experimentelle ummauerte Garten im Herzen des Anwesens zählt zu den spannendsten und wegweisendsten Gärten unserer Zeit. Isabella Tree und Charlie Burrell, Hüter von Knepp Castle und seinen 1415 Hektar großen Ländereien, begannen ihre außergewöhnliche Reise im Jahr 2002, als sie einen Brief an das britische Umweltministerium (Department for Environment, Food and Rural Affairs) schrieben, in dem sie ihre Absicht erklärten, »Ein biodiverses Wildnisgebiet im Low Weald von Sussex zu schaffen«. Angesichts eines wirtschaftlich gescheiterten landwirtschaftlichen Betriebs war die Entscheidung, das Land wieder der Natur zu überlassen, alles andere als leichtfertig getroffen. Auf den unergiebigen Tonböden von Sussex waren Acker- und Milchwirtschaft in Knepp stets ein Kampf gewesen. Jahr für Jahr häuften sich die Verluste, und das Paar musste sich der unbequemen Wahrheit stellen, dass diese Form der intensiven Landwirtschaft nicht nachhaltig war. Verzweifelt suchten sie nach Alternativen. »Veränderungen in der Landnutzung und insbesondere die industrielle Landwirtschaft mit künstlichen Düngemitteln und Pestiziden haben die Landschaft stärker verändert, als es sich unsere Urgroßeltern hätten vorstellen können«, sagt Isabella Tree. »Heute ist jede sechste Art in Großbritannien vom Aussterben bedroht, und die Bestände aller Wildtiere insgesamt sind dramatisch zurückgegangen.«

Mehr als zwei Jahrzehnte später gedeiht ihr Rewilding-Projekt und inspiriert Dutzende ähnlicher Initiativen im gesamten Vereinigten Königreich und ganz Europa. Ihr Land, das auf natürliche Weise von Bäumen und dornigem Gestrüpp zurückerobert wurde, wird heute von halbwild lebenden Rindern, Ponys, Schweinen und Hirschen beweidet. Dadurch können sich zahlreiche heimische Pflanzen neu etablieren und eine kaum vorstellbare Vielfalt an Insekten, Vögeln und anderen Tieren unterstützen. Biber – eine Schlüsselart, deren Aktivitäten Lebensräume für viele weitere Pflanzen- und Tierarten schaffen – wurden angesiedelt und tragen zur Wiederherstellung der Gewässer bei Knepp bei. Diese Tiere in das System zu integrieren und den natürlichen Wasserhaushalt zurückkehren zu lassen – »der Natur wieder das Steuer zu überlassen«, wie Isabella Tree es formuliert – bedeutet, dass ökologische Prozesse von selbst in Gang kommen und sich in jene Richtung entwickeln, die sie einschlagen wollen.

Viele Jahre lang lag der Fokus der Burrells auf der umgebenden Landschaft. Doch schließlich erkannten sie, dass ihr eigener Garten im Zentrum des Anwesens den ökozentrischen Prinzipien, für die sie einstanden, nicht gerecht wurde. Direkt neben dem Schloss umfasste der viktorianische ummauerte Garten einen Krocketrasen, ein Schwimmbecken und ein formales Gemüseparterre, ursprünglich entworfen von Georgia Langton. Die Rasenflächen und breiten Graswege sollten zwar pflegeleicht sein, erforderten jedoch ständige Aufmerksamkeit durch einen benzinbetriebenen Rasenmäher – und standen als Monokultur im völligen Gegensatz zu dem dynamischen, biodiversen Lebensraum jenseits der Mauern. Kieswege wurden regelmäßig mit dem Gasbrenner von Unkraut befreit, und viele der Pflanzen waren sterile Zuchtsorten. »Wir hatten diesem Teil des Gartens kaum Beachtung geschenkt, und er sendete eine völlig falsche Botschaft aus«, erinnert sich Tree. In der Erkenntnis, dass auch der Garten ein Rewilding

benötigte, beauftragten die Burrells 2019 Tom Stuart-Smith mit einer grundlegenden Neugestaltung des Areals – mit Nachhaltigkeit, Trockenheitsresistenz und Biodiversität als zentralen Zielen. Gemeinsam mit einem Expertengremium, darunter der Botaniker Mick Crawley, der Gartenökologe James Hitchmough und die Kräuterexpertin Jekka McVicar, entwickelte der Landschaftsarchitekt einen Plan für einen bahnbrechenden, dreidimensionalen, xerischen Schuttgarten, der den Krocketplatz ersetzen sollte, sowie für einen stärker auf die Tierwelt ausgerichteten Küchengarten, der die bestehende Struktur des historischen Nutzgartens aufgriff. Doch wie sollte ein solcher renaturierter Garten funktionieren? Der Begriff »Rewilding« war in den vergangenen Jahren Gegenstand vieler Diskussionen, da seine Bedeutung schwer zu fassen ist. In den 1990er-Jahren von den amerikanischen Naturschutzwissenschaftlern Michael Soulé und Reed Noss geprägt, bezog sich der Begriff ursprünglich auf dynamische Großprojekte in der Landschaft, die auf den drei »K/C« beruhten: Kerngebiete (cores), Korridore (corridors) und Karnivoren (carnivores). In Europa wurden große, frei lebende Pflanzenfresser wie Bison, Wasserbüffel, Elche und Wildschweine sowie die Spitzenprädatoren der Lüfte – Geier, Adler und andere Greifvögel – in dieses Konzept integriert. Für Hausgärten schien dies zunächst wenig relevant, doch Tree ist überzeugt, dass dieselben Prinzipien auch hier gelten. »Man muss Rewilding als ein Spektrum betrachten«, sagt sie. »Am einen Ende stehen Wildnisgebiete wie der Yellowstone-Nationalpark, in denen das Ökosystem vollständig funktioniert und menschliches Eingreifen nicht notwendig ist. Je weiter man sich auf der Skala nach unten bewegt, desto kleiner wird die Fläche und desto mehr Eingriffe sind nötig, um ein dynamisches Ökosystem zu erhalten. In Knepp übernehmen wir – mangels Spitzenprädatoren – die Rolle von Wolf, Luchs und Bär und regulieren die Bestände großer Pflanzenfresser so, dass die Biodiversität weiterhin angeregt wird. In kleineren Maßstäben, etwa auf 20 Hektar oder weniger, wo frei lebende Tiere nicht möglich oder erwünscht sind, können Sensen, Spaten, Bulldozer, Heckenscheren und Motorsägen deren Störungen nachahmen.«

Damit gelangen wir zum kleinsten Ende dieses Spektrums. »Auf dem begrenzten Raum eines Gartens sind noch mehr Eingriffe nötig, um jene Komplexität zu schaffen, aus der Leben entsteht«, erklärt Isabella. »Rewilding im Garten bedeutet nicht seine völlige Aufgabe. Jede Gärtnerin, jeder Gärtner weiß: Schließt man das Gartentor und tut nichts, übernehmen aggressive Pionierpflanzen die Oberhand, und schließlich beschatten aufkommende Bäume alles andere. Die Artenvielfalt nimmt rapide ab. Beim Rewilding bleibt der Gärtner der wichtigste Einflussfaktor – mit dem Unterschied, dass die Natur an erster Stelle steht. Die natürlichen Prozesse in der Landschaft, die dem Wildleben zugutekommen, sind maßgebend und Leitbild bei allen Entscheidungen und Eingriffen beim Gärtnern.«

So wird der Gärtner gewissermaßen selbst zur Schlüsselart: Er schneidet zurück, lichtet aus und lenkt die Vegetation, wie es große Pflanzenfresser in der Wildnis tun. Forke, Spaten oder Pflanzkelle ahmen dabei die Bodenstörungen von Hufen und Rüssel nach, die offene Stellen für die Keimung von Samen schaffen. »Natürlich geht es auch darum, das eigene ästhetische Empfinden zu hinterfragen und all jene kulturellen Vorstellungen von den eingeschnürten Gärten, mit denen wir aufgewachsen sind«, erläutert Isabella Tree das Prinzip. »Es geht darum, ein gewisses Maß an natürlicher Unordnung zuzulassen – und damit auch ums Loslassen.«

Der Schlüssel zur Biodiversität in der Landschaft ist die Komplexität der Lebensräume. Das Team entschied daher, diese im ummauerten Garten durch eine vielfältigere Topografie und durch unterschiedliche Substrate zu schaffen, um die Bodenfruchtbarkeit gezielt zu variieren. Andere Gärtner wie John Little in Essex, der mit Substraten aus Abfallmaterialien experimentiert, oder Peter Korn in Schweden, der in Sand gärtnert, hatten gezeigt, dass unter nährstoffarmen Bedingungen eine deutlich größere Pflanzenvielfalt möglich ist. In Großbritannien verbinden wir Gärten oft mit üppigen, großblättrigen Pflanzen – diese benötigen jedoch Wasser (eine zunehmend knappe Ressource), Dünger und intensiven Pflegeaufwand und sind nicht zwangsläufig förderlich für die Biodiversität. Bei trockeneren, nährstoffarmen Bedingungen wachsen deutlich mehr Pflanzen pro Flächeneinheit, schlicht weil sie kleiner bleiben. Vor diesem Hintergrund ließ Stuart-Smith 400 Tonnen zerkleinerten Bauschutts aus Ziegeln und Beton von einer Baustelle auf dem Knepp Estate heranschaffen und modellierte daraus eine komplexe Matrix unterschiedlicher Zonen mit Hügeln und Senken, die verschiedenste Standortbedingungen für eine große Bandbreite an Pflanzen schaffen. »In manchen Bereichen ist der Betonschutt mit Sand vermischt, in anderen gibt es mehr Oberboden«, erklärt er. »Im gesamten Garten variieren Bodenfruchtbarkeit, pH-Wert und Drainage, sodass wir die Artenvielfalt maximieren können.« Im Kern repliziert das Team damit die Topografie der Wildnis: unebenes Gelände, wie es durch wühlende Wildschweine entsteht, Staubbäder von Wisenten und Wildpferden, Hügel von Ameisen und Maulwürfen oder Senken, die umgestürzte Bäume hinterlassen.

James Hitchmough, ein Ökologe, der sich auf Saatmischungen für Wiesen und Brachflächen spezialisiert hat, entwickelte das Pflanzkonzept für die nährstoffärmste Zone. Seine sorgfältig recherchierte Pflanzenauswahl wurde nach dem Mischpflanzungsprinzip zufällig verteilt ausgelegt und zusätzlich mit 40 trockenheitsliebenden Arten übersät, die sich miteinander verweben und so die Dominanz einzelner Pionierarten reduzieren. Anstatt sich auf heimische Pflanzen zu beschränken – Großbritannien verfügt im Vergleich zu Kontinentaleuropa über eine relativ geringe heimische Flora –, stellte Hitchmough eine eklektische Auswahl attraktiver und interessanter Pflanzen aus trockenen Lebensräumen aus der ganzen Welt zusammen, von denen viele früh oder spät im Jahr blühen und so die Saison für bestäubende Insekten verlängern. In seinem Buch *Sowing Beauty* widerlegt er eindrucksvoll den Mythos, dass wirbellose Tiere zwingend heimische Pflanzen als Nahrungs- und Lebensgrundlage benötigen: »Auf der Grundlage zahlreicher groß angelegter ökologischer Studien in Westeuropa in den vergangenen 15 Jahren wissen wir heute sehr viel mehr darüber, wie Pflanzen die Vielfalt der Wirbellosen unterstützen. In den meisten Fällen sind weder Natürlichkeit noch Herkunft der Pflanzen entscheidend. Wichtig für Bestäuber ist vielmehr die Qualität und Dauer des Angebots von Pollen und Nektar.« Diese Erkenntnisse werden durch eine 2017 in Great Dixter durchgeführte Biodiversitätsstudie gestützt, die zeigte, dass die ornamentalen Gärten dort eine deutlich größere Vielfalt heimischer Bestäuber beherbergen als die umliegenden Wälder und Wildblumenwiesen. In Knepp wurden zur Förderung des Insektenlebens bewusst Arten statt Sorten verwendet, die oft auf Kosten von Pollen- und Nektarproduktion auf eher ornamentale Eigenschaften selektiert sind. »Der Schwerpunkt liegt auf sozialen Pflanzengemeinschaften und nicht auf ästhetischen Kombinationen«, erläutert Stuart-Smith die Entscheidung. »Einheimische Arten dürfen neben eingeführten Pflanzen existieren – es wird eine Art globales Gartenfest, keine gärtnerische Ausschlusszone. Ziel ist es, die Pflanzen unter anspruchsvollen Bedingungen miteinander konkurrieren zu lassen.« Höhepunkte im Jahreslauf sind unter anderem Pfingstrosen (*Paeonia cambessedesii*) und Küchenschellen (*Pulsatilla vulgaris*) im Frühjahr, Steppenkerzen (*Eremurus himalaicus* und *E. stenophyllus*) im Frühsommer sowie Wimper-Perlgras (*Melica ciliata*) und Wilde Möhre (*Daucus carota*) im Spätsommer. Die Anlage ist weit entfernt vom traditionellen Ziergarten, aber zweifellos ein ästhetisch ansprechender Ort, dessen Fülle aus Gräsern, Laub, Blüten und Samenständen eine immersive Wiesenlandschaft voller Nuancen und Details schafft.

Die anfängliche Herausforderung bestand in der Etablierung der Pflanzen. Verantwortlich dafür ist Headgardener Charlie Harpur, der als ehemaliger Mitarbeiter von Tom Stuart-Smith bereits in die Planungsphase eingebunden war, bevor er nach Knepp kam. Harpur fungiert als Top-Herbivor: Er beobachtet, welche Arten dominieren, und entscheidet dann, welche reduziert und welche erhalten werden. Mit der Zeit finden die Pflanzen ihr eigenes Gleichgewicht, verweben sich miteinander und bilden selbsttragende Gemeinschaften. Der ehemalige Küchengarten ist heute ein Paradies für Menschen wie für Vögel, Insekten und kleine Säugetiere. Obst, Gemüse, Kräuter, Blumen und essbare Pflanzen – bekannte wie ungewöhnliche – ergießen sich aus Beeten, die nicht mehr umgegraben werden, in breite, geschwungene Wege aus Kalkbruch auf dem Oberboden. Bereits jetzt werden die Wege von sich selbst aussäendem Fenchel, Thymian und Oregano besiedelt, ebenso von heimischen Wildblumen wie Erdrauch und Acker-Gauchheil, dessen winzige, proteinreiche Samen Vögeln Nahrung bieten. Die formal geschnittenen Eiben werden in »Ziegenmanier« in zufällige Formen geschnitten, das Zupfen wilder Ziegen im Mittelmeerraum nachahmend. Der Boden der Beete wird mit Kompost aus dem Garten angereichert, sodass hier eine Vielzahl stickstoffliebender Pflanzen gedeihen kann, darunter Obst und Gemüse für den täglichen Bedarf.

Die meisten konventionellen Gärtnerinnen und Gärtner versuchen, einen Garten möglichst statisch und unveränderlich zu halten – um ihre Lieblingspflanzen zu schützen, Ordnung zu bewahren und einem ursprünglichen Entwurf treu zu bleiben. Hier jedoch sind die Bedingungen deutlich dynamischer und elastischer: Selbstaussaat ist erwünscht, Bewegung willkommen. Über 1 000 Arten wurden im ummauerten Garten gepflanzt und gesät, ausgewählt im Hinblick auf die Herausforderungen des Klimawandels und Nachhaltigkeit sowie auf ihre Fähigkeit, mit minimalem Wasser- und Nährstoffangebot zu gedeihen. So weit wie möglich lässt das Gartenteam in Knepp die Natur ihren Weg finden, akzeptiert sowohl Gewinner als auch Verlierer und begrüßt das sich ständig wandelnde Mosaik, das diesen Garten zu einem der faszinierendsten und innovativsten neuen Gärten der Britischen Inseln macht. »Das hier ist nichts anderes als ein riesiges gärtnerisches Experiment«, erklärt Harpur. »Man muss seinen Blick neu justieren, wenn man hierherkommt. Siehst du die Unordnung – oder siehst du Möglichkeiten? Betrachte deinen Garten als ein Ökosystem, und eine ganze Welt an Möglichkeiten wird sich eröffnen.«

JOHN-PAUL PHILIPPE

WHITE HOLLOW

CONNECTICUT, USA

»UNWILLENTLICH BIN ICH ZU EINEM NATURGÄRTNER GEWORDEN. ICH KANN MIR NICHT VORSTELLEN, WIE DAS LEBEN WÄRE, WENN ICH NICHT HIER DRAUSSEN IN DER NATUR SEIN KÖNNTE.«

JOHN-PAUL PHILIPPE

Es fühlt sich geradezu seltsam an, mit dem Künstler John-Paul Philippe über das Gärtnern zu sprechen, denn das Land rund um sein abgeschiedenes Haus in Connecticut kann man eigentlich nicht als Garten bezeichnen. Dieses Stück kaum gezähmter Natur am Fuß des Red Mountain in den Berkshires ist zu seinem spirituellen Zuhause geworden. Tief verwurzelt an diesem Ort, so wie die ehrwürdigen Bäume, die ihn umgeben, lebt er das ganze Jahr hier und kann sich nur schwer vorstellen, irgendwo anders zu sein. Er verbringt seine Zeit entweder mit der Malerei in seinem Atelier oder damit, auf Wildwechsel durch sein wildes Reich zu streifen und die heimische Vegetation behutsam zu formen, um sich sein eigenes kreatives Paradies zu schaffen.

Geboren und aufgewachsen in den Ozarks von Oklahoma, erwarb Philippe das Haus mit dem umgebenden, zwei Hektar großen Land im Jahr 2006 von dem exzentrischen Naturschützer und Filmemacher John McNeely, der dort viele Jahre allein gelebt und das Land als Vogelschutzgebiet genutzt hatte. McNeely war als der Mann bekannt, der mit seinen Vögeln flog. Als erfahrener Drachenflieger und Ultraleichtpilot glitt er über die Berge mit seinen geliebten Falken und Habichten – und in seinen späteren Jahren sogar mit seinem Kondor Veedor, einem der wenigen Andenkondoren, die legal in Nordamerika in Privathand gehalten wurden. Auf einem dieser Flüge rund um den Grandfather Mountain in den Blue Ridge Mountains der südlichen Appalachen entdeckte McNeely eine abgelegene Blockhütte – und beschloss, sie zu erwerben. Es gelang ihm, und er ließ die Hütte abbauen und dann auf diesem Stück Land in den Berkshires originalgetreu wieder aufbauen. Sie stammt aus dem frühen 19. Jahrhundert und ist der Inbegriff einer traditionellen Appalachenhütte, mit einem steil geneigten Dach über einer hölzernen Veranda und dicken Holzwänden, die mit schwedischem Nadelholzteer konserviert sind. Im Herbst spiegeln sich die Farbtöne der Zucker-Ahorne auf dem gegenüberliegenden Berg in der verzinkten Dachverkleidung und lassen das Gebäude mit der Landschaft verschmelzen. Es wirkt eingebettet in die Umgebung, als hätte es schon immer dort gestanden.

McNeely hatte darauf bestanden, dass derjenige, der das Anwesen übernimmt, es als Schutzgebiet bewahren müsse, und er interviewte mögliche Käufer genau, um das sicherzustellen. Philippe überzeugte ihn, denn er wollte das Land weder planieren noch in eine Pferdefarm verwandeln. Seit McNeelys Tod im Jahr 2018 nimmt er seine Rolle als Hüter dieses besonderen Ortes wahr. »Das Wichtigste war, das Land als Vogelhabitat zu erhalten«, sagt er. Philippe verbrachte viel Zeit mit McNeely, lernte, wie man Habitate für Vögel schafft, und identifizierte jene Pflanzen, die Vögeln und Insekten als Nahrungsquelle dienen. Er lernte, abgestorbene oder sterbende Bäume zu kappen, damit Nisthöhlen und Lebensräume für Vögel und andere Wildtiere entstehen konnten. Heute teilt er die oberen Drittel seiner Wildnis mit Hunderten von Vögeln und einer Vielzahl anderer Tiere. Spechte fliegen von Baum zu Baum, während kleine schwarz-weiße Meisen in den Dickichten rund um die Wiese Schutz finden. Kolibris schweben über den Sonnenhüten (*Rudbeckia*) an der Veranda, und eine Kolonie Krähen brütet hoch oben am Red Mountain, und besucht regelmäßig die Futterstelle, die John-Paul auf einer Lichtung am Ende der Wiese eingerichtet hat. Blickt man in den Himmel, kann man gelegentlich einen Truthahngeier sehen, der weit oben in Thermik kreist.

Alle Wege, die das Grundstück durchziehen, sind oder waren Wildwechsel – manche mäht er, um Sichtachsen offen zu halten, andere werden einfach durch tägliches Begehen erhalten, wenn John-Paul mit seinem Hund unterwegs ist, um zu beobachten, die Atmosphäre aufzunehmen und sich mit seinem Land zu verbinden. Bären, Waschbären, Füchse und Opossums durchqueren den Garten täglich – oder in der Nacht – sowie gelegentlich ein Stachelschwein oder ein Elch. »Ich habe unglaubliche Begegnungen mit Vögeln und Tieren hier draußen«, erzählt er. »Vor ein paar Jahren gab es einen Schneesturm, und in einer kurzen Pause hatte ich das Verlangen, unbedingt nach draußen zu müssen. Als ich in die Wiese kam, explodierte ein riesiger Schneeberg direkt vor meinen Augen und eine große Schneeeule stieb davon. Auch Bären kommen oft vorbei. Eines Sommers saß ich auf der Veranda und aß ein Erdnussbutter-Sandwich, und aus dem Augenwinkel sah ich etwas. Es war ein riesiger Bär, der mir signalisierte, ich solle den Platz räumen. Ich erhob mich ganz langsam, und dann stand ich da, als der Bär direkt auf die Veranda kam und sich das Sandwich schnappte. Es war erstaunlich behutsam, wie er es tat. Im Allgemeinen geht keine Bedrohung oder Aggression von ihnen aus.«

Mit sowohl trockenen als auch sumpfigen Bereichen gibt es in White Hollow eine enorme Vielfalt an natürlicher Flora. Philippe spricht in ehrfürchtigem Ton über die Pflanzen, in seinem leicht singenden Oklahoma-Akzent, der trotz 20 Jahren Leben und Arbeiten in London immer noch hörbar ist. Im Herbst ist die natürliche Wiese voller blauer Astern, lavendelvioletter Wilder Bergamotte (*Monarda fistulosa*) und Fransenenzianen (*Gentianopsis crinita*), deren tiefviolette Blüten fest verschlossen bleiben, bis sich die Sonne zeigt. Philippe zeigt auf die langen, bohnenartigen Samenschoten des Amerikanischen Hundsgifts (*Apocynum cannabinum*). »Die amerikanischen Ureinwohner nutzten diese Pflanze zur Herstellung von Schnüren, weil die Fasern so stark sind«, erzählt er. Die gebräuchlichen Namen vieler Pflanzen geben Hinweise darauf, wie sie traditionell in der Pflanzenheilkunde eingesetzt wurden – Knochenheilkraut, Blutwurz und Augentrost wachsen hier ganz natürlich im Gras. Am unteren Ende der Wiese markiert eine Reihe aus hohen Bartgräsern (*Andropogon gerardii*) einen etwas feuchteren Bereich, der aussieht, als wäre er gezielt gestaltet worden. »Die Natur erschafft Pflanzenkombinationen, auf die man selbst nie käme«, ist er begeistert. Zur Fülle der heimischen Pflanzen fügt er nichts hinzu, sondern beschränkt sich darauf, invasivere Arten wie Goldrute, Nachtschatten und Kreuzdorn zu kontrollieren, damit mehr Arten gedeihen können.

Während man durch diesen traumhaften Garten wandert, stößt man überall auf Objekte, Skulpturen und künstlerische Eingriffe – von kleinen Weidenkränzen an der Veranda für Vögel, bis zu einer monumentalen Holzstapel-Skulptur beim Scheunenatelier. In den letzten Jahren wurde Philippe von seinem Partner Elvin Rodriguez begleitet, ebenfalls ein Künstler, der eigene verspielte Kunstformen an diesen Ort bringt. Rodriguez baute das einfache, mit Stroh aus Bartgras gedeckte Tipi, das an einem der schmalen Trampelpfade steht. Eine mit Muschelketten behängte Tür lädt ein, einzutreten und auf niedrigen Holzschemeln Platz zu nehmen, umgeben von fantasievollen Kunstobjekten: Figuren aus Konservendosen, Holzobjekte, geschnitzte Kürbisse und Skulpturen aus Moos und Kiefernnadeln und allem, was sich recyceln oder aus der Natur gewinnen lässt. Einer der wenigen Bereiche, die aktiv kultiviert werden, ist ein umfriedeter Garten im Herzen des Grundstücks, das von einem doppelten Zaun geschützt wird, damit die Tiere draußen bleiben. Hier werden Schnittblumen und Gemüse angebaut, die Beete voller bunter Kapuzinerkresse, Sonnenbraut und Kosmeen sind ein Magnet für Bienen, Schmetterlinge und andere Bestäuber. Anderswo begegnet man einem Kreis aus Maispflanzen, um einen riesigen Kübel mit leuchtend orangefarbener Mexikanischer Sonnenblume (*Tithonia rotundifolia*) gepflanzt, oder einer rustikalen Struktur aus Holzstäben, die als Stütze für Kletterbohnen dient.

Philippes abstrakte Kunst, mit ihren erdigen Tönen und fließenden Kurven, ist untrennbar mit der natürlichen Welt um ihn herum verbunden – mit den Tieren und Vögeln, mit denen er sein Land teilt, mit den Jahreszeiten und dem Kommen und Gehen des Wetters. Die Form eines Vogels, die Blütenblätter einer Blume, die Rinde eines Baumes, das Glitzern der Sonne – all das lässt sich aus jedem seiner einzigartigen Kunstwerke herauslesen. Und ebenso kann man die Hand eines Künstlers in diesem verzauberten Ort erkennen. »Ich habe ein kritisches Auge für Komposition und Farbe«, sagt er. »Ich bin eigentlich Künstler, aber unwillentlich bin ich zu einem wilden Gärtner, zu einem Naturgärtner geworden.« Langsam, fast andächtig, hat er diesen Ort zu seinem eigenen gemacht, die Natur, die dieses Land geformt hat, respektierend, und das, was bereits da ist, kaum merklich veredelt. Seine Verbindung zu diesem Land ist tief und deutlich spürbar – und man versteht sofort, warum er diesen magischen Ort nie wieder verlassen möchte.

RICE

»DIE NATUR ERSCHAFFT PFLANZKOMBINATIONEN, AUF DIE MAN NIEMALS SELBST KÄME. DIES IST MEIN ÄQUIVALENT EINES STAUDENBEETES.«

JOHN-PAUL PHILIPPE

Seite 456 / John-Paul Philippe mit seinem Hund Carlo auf einem seiner täglichen Rundgänge durch den wilden Garten.

Seite 459 / Fransenenzian (*Gentianopsis crinita*) in der Wiese. Im Osten der USA verbreitet, öffnet dieser zauberhafte Enzian seine fest verschlossenen Blüten nur an sonnigen Tagen.

Seiten 460–461 / Philippes Blockhütte liegt inmitten eines mehrere Hektar großen inoffiziellen Naturreservats. Der Holzbau stammt aus dem 19. Jahrhundert und wurde aus den Appalachen hierhergebracht, um von seinem Vorbesitzer John McNeely originalgetreu wieder aufgebaut zu werden.

Seite 462 / Eine Vase mit Sonnenblumen im Innenraum der Blockhütte.

Seite 464 / Kuriose Artefakte aus Gips, geschaffen von Philippes Partner, dem Künstler Elvin Rodriguez.

Seite 465 / Tief im Garten, umgeben von dichten Pflanzen, findet man dieses Tipi, von Elvin Rodriguez aus Bartgrasstroh gefertigt, mit einem Eingang, der mit einem Vorhang aus Muschelketten geschmückt ist.

Seite 467 / Philippe legt Eier an seiner Futterstelle aus, um Krähen, Raben und andere Vögel anzulocken.

Seiten 468–469 / Die natürliche Wiese ist voller heimischer Pflanzenarten, darunter die herbstblühenden Astern, die Wilde Bergamotte (*Monarda fistulosa*) und mehrere Goldrutenarten (*Solidago*). Die unterschiedlichen Mikroklimate und Bodentypen lassen sich gut an der markanten Reihe von Bartgräsern (*Andropogon gerardii*) am fernen Ende erkennen, die auf einen feuchteren Bodenbereich hinweist.

Seiten 470–471 / Philippe beim Pfannkuchenbacken in seiner winzigen Hütte. Er lebt hier das ganze Jahr über und genießt es, so eng mit der Natur und den Jahreszeiten verbunden zu sein.

Seite 472 / Elvin Rodriguez' wunderbare Vogelscheuche aus Blech.

Seiten 474–475 / Abgesehen von diesem schlichten Holzsteg, der zur Veranda der Hütte führt, gehen alle Wege im Garten ursprünglich auf Wildwechsel zurück. Philippe greift nur minimal ein, entfernt invasive Arten und lässt der Natur ansonsten ihren Lauf.

Seite 477 / Dies ist ein Ort, der vollständig für die Tierwelt existiert – daher wirkt es nur passend, dass selbst der Tisch an der Futterstelle etwas Tierisches in seinem Design hat.

»SICH WIEDER MEHR
AN DER NATUR ZU
ORIENTIEREN, IST
HEUTE UMSO WICHTIGER,
DA DER KLIMAWANDEL
INS ZENTRUM RÜCKT.
DIE GESTALTUNG UNSERER
GÄRTEN KANN NICHT
MEHR NUR ÄSTHETISCHEN
ANSÄTZEN FOLGEN,
SIE MUSS JEDEN ASPEKT
UND JEDE EBENE
UNSERER UMWELT
BERÜCKSICHCTIGEN.«

DAN PEARSON

DANKSAGUNG

Clare Foster / Text

Ich danke allen Menschen, die uns so herzlich in ihren Gärten willkommen geheißen haben. Die Besitzerinnen und Besitzer, Gestalterinnen und Gestalter dieser Gärten teilen alle eine tiefe Leidenschaft und Empathie für unsere Umwelt, in ihrem Bestreben vereint, dem Rückgang der Biodiversität und Tierwelt – im Vereinigten Königreich wie auch anderswo – entgegenzuwirken. Danke, dass ihr eure Ideen und euer Wissen geteilt und uns die Augen dafür geöffnet habt, welche Schönheit entstehen kann, wenn wir unsere Gärten, unser Land mit Hingabe pflegen. Ein besonderer Dank geht an einige der großartigen Headgardener, die mit so viel Engagement diese besonderen Orte erhalten – vor allem Charlie Harpur in Knepp und James McGrath in Robin Hill, die sich Zeit nahmen, uns zu führen und Pflanzen zu bestimmen.

Von Herzen danke ich auch den vier Landschaftsarchitekten und Pflanzplanern, die Essays zu diesem Buch beigetragen haben und zur Elite des britischen Gartendesigns gehören – Jinny Blom, Nigel Dunnett, Kim Wilkie und Tom Stuart-Smith. Eure klugen Gedanken über sich ändernde Strömungen in der Garten- und Landschaftsarchitektur angesichts des Klimawandels verleihen diesem Buch eine zusätzliche Ebene von Tiefe und Integrität.

Mein Dank gilt auch Hatta Byng, Herausgeberin von *House & Garden,* die meine zusätzlichen Projekte stets unterstützt hat. Danke an Anthony und Lucy, die so professionell und unerschütterlich an diesem Projekt gearbeitet haben. Und natürlich ein riesiger Dank an meinen kreativen Partner Andrew Montgomery, der die ästhetische Vision und den Antrieb hatte, dieses einzigartige Buch zu dem zu machen, was es ist.

Dann gilt mein Dank dem besten Ehemann der Welt, Mat, und meinen Söhnen Charlie und Oliver, die gekocht, gewaschen, die Hunde ausgeführt und einfach alles zusammengehalten haben, während ich abends am Computer saß und um 4 Uhr in der Früh aufstand, um bei Tagesanbruch im Garten zu sein. Ohne euch drei wäre das alles nicht möglich. Und zuletzt – aber nicht weniger wichtig – meinen Eltern: Ich widme euch die Worte in diesem Buch. Ihr gärtnert immer noch, nun in euren Achtzigern.

Andrew Montgomery / Fotografie

Allen, die mir die Möglichkeit gegeben haben, ihre Gärten so zu fotografieren, dass ihr Geist und die Persönlichkeiten dahinter sichtbar werden, gilt mein tiefster Dank. Viele der Aufnahmen entstanden vor Sonnenaufgang oder nach Sonnenuntergang – es ist nicht selbstverständlich, zu solchen Zeiten Zugang zu den Gärten zu erhalten und obendrein noch mit Tee, Frühstück, Abendessen und einem Gästezimmer versorgt zu werden.

Mein besonderer Dank gilt Jasper Conran, der mir vor 16 Jahren eine große Chance gab und mich mentorierte. Das Buch, das wir damals gemeinsam herausgaben, hat mein Leben verändert. Jaspers ästhetisches und kreatives Auge ist unvergleichlich – Jasper, du inspirierst alles, was ich tue.

Ohne begleitende Worte verlieren Bilder ihre Bedeutung. Deshalb danke ich meiner Co-Kollaboratorin Clare Foster für ihre wunderschöne Interpretation des Themas, kreative Erzählideen, erkenntnisreiche Gespräche und ihre Pflanzenkenntnis – das Fundament dieses Buches. Danke für deinen kreativen Beitrag, der dieses Buch wirklich einzigartig macht.

Ein großes Dankeschön geht an den Designer Anthony Hodgson für seine Geduld und Expertise. Anthony, danke, dass du alle meine Ideen unterstützt hast und dass sogar die langen Arbeitstage beim Zusammenstellen dieses Buchs in North Yorkshire ein Vergnügen waren. Danke auch an Lucy Kingett, die brillante Lektorin und Hüterin strenger Zeitpläne, an die ich mich seltsamerweise nie halten konnte. Danke für deine ruhige Sorgfalt.

Meiner Frau Jenny, die der Ruhepol auf meinen stürmischen, kreativen Reisen ist, die immer für mich da ist nach wochenlangen Reisen und sich liebevoll um unsere Kinder Nana und George kümmert – ich liebe euch alle.

Ich widme dieses Buch meinem Vater, David Montgomery. Du hast nie an mir gezweifelt … Danke!

IMPRESSUM

PLANTVS
©2026 Plantvs GmbH
Königstraße 10 b
70173 Stuttgart
www.plantvs.de
ISBN 978-3-912078-05-3
1. Auflage 2026

Die Originalausgabe erschien 2024 unter dem Titel »Pastoral Gardens« bei Montgomery Press Ltd
www.montgomerypress.co.uk

Bibliografische Information der Deutschen Nationalbibliothek
Die Deutsche Nationalbibliothek verzeichnet diese Publikation in der Deutschen Nationalbibliografie; detaillierte bibliografische Daten sind im Internet über dnb.dnb.de abrufbar.

Viel Freude mit diesem Buch wünschen:
Projektleitung & Verlag: Dr. Folko Kullmann & Peter Janke
Übersetzung aus dem Englischen: Dr. Folko Kullmann
Layout: Anthony Hodgson, www.facepublications.com
Satz & Lektorat: Kullmann & Matic GbR
Schlusskorrektorat: Denise Bentz
Herstellung: Kristijan Matic
Umschlaggestaltung: Sandra Gramisci
Druck & Bindung: Longo AG, Bozen

www.instagram.com/plantvs.verlag